国家出版基金项目
NATIONAL PUBLICATION FOUNDATION

"十四五"时期
国家重点出版物出版专项规划项目

航 天 先 进 技 术
研究与应用系列

王子才 总主编

空间薄膜结构展开的关键技术研究

Research on Key Technologies of Deployment for Space Membrane Structures

肖 潇 著

哈尔滨工业大学出版社
HARBIN INSTITUTE OF TECHNOLOGY PRESS

内 容 简 介

本书主要根据作者所做有关空间薄膜结构展开的关键技术的研究成果撰写而成。空间薄膜结构展开的关键技术包括:展开动力学、折叠技术、褶皱预测及处理技术、热环境影响分析等。全书内容共分 8 章,主要包括绪论、基于控制体积法的空间薄膜结构的展开分析、基于弹簧－质点系统方法的空间薄膜结构的展开分析、基于能量－动量法的空间薄膜结构的展开分析、空间薄膜结构展开的试验研究、基于张力场理论的空间薄膜结构的褶皱分析、基于显式动力法的空间薄膜结构的褶皱分析,以及空间薄膜结构的热分析。

本书可作为高等院校结构工程、工程力学、航天工程等专业的研究生参考用书,也可供从事结构工程和航天工程研究、设计与施工的科研人员及工程技术人员参考。

图书在版编目(CIP)数据

空间薄膜结构展开的关键技术研究/肖潇著.—哈尔滨:哈尔滨工业大学出版社,2024.9
(航天先进技术研究与应用系列)
ISBN 978－7－5767－0961－2

Ⅰ.①空… Ⅱ.①肖… Ⅲ.①航天器－空间结构－薄膜结构－研究 Ⅳ.①V47

中国国家版本馆 CIP 数据核字(2023)第 130413 号

空间薄膜结构展开的关键技术研究
KONGJIAN BOMO JIEGOU ZHANKAI DE GUANJIAN JISHU YANJIU

策划编辑	王桂芝　陈雪巍	
责任编辑	李佳莹　王晓丹　陈　洁	
出　　版	哈尔滨工业大学出版社	
社　　址	哈尔滨市南岗区复华四道街 10 号　邮编150006	
传　　真	0451－86414749	
网　　址	http://hitpress.hit.edu.cn	
印　　刷	哈尔滨博奇印刷有限公司	
开　　本	720 mm×1 000 mm　1/16　印张 15　字数 269 千字	
版　　次	2024 年 9 月第 1 版　2024 年 9 月第 1 次印刷	
书　　号	ISBN 978－7－5767－0961－2	
定　　价	88.00 元	

(如因印装质量问题影响阅读,我社负责调换)

 前　言

　　探索太空世界是人类进步的永恒动力。纵观整个历史发展进程,每一次疆域的拓宽都极大地提高了人类认识自然和改造自然的能力,推动了社会文明的进步。1992 年我国实施载人航天工程,标志着我国在深空探测领域已处于国际领先地位。最近几年,随着人们深空探测步伐的加快,大型空间薄膜结构已成为目前研究的热点。空间薄膜结构主要由超薄的薄膜材料构建而成,发射前结构处于高效的折叠状态,发射入轨后通过充气方式实现结构的可控制展开,并通过压力保持或采用可刚化材料来保持薄膜的设计结构形式,从而实现其使用功能。空间薄膜结构具有折叠体积小、质量小、成本低、展开可靠性高等优点,这些优势使其成为空间研究和开发的热点,将大型空间薄膜结构应用到航天器上将会是今后航天事业发展的一大趋势。

　　空间薄膜结构为大型柔性结构,其动力学行为非常复杂,涉及几何非线性、材料非线性和边界非线性,是一个高度非线性耦合问题,其动力学建模及仿真分析尚存很大困难。发射充气展开结构之前先要将其折叠包装成较小的体积,在折叠包装过程中,薄膜将产生初始应变。折叠后,结构内部还会有一部分气体存在。初始应变及残余气体都会对空间薄膜结构展开的可靠性、精确度产生影响。薄膜材料的面外刚度较小,褶皱是薄膜结构在服役期间出现的主要破坏模式之一,会直接改变结构中力的传递路径,使其承载力下降,甚至导致整个结构使用功能的完全失效。因此,开展空间薄膜结构的关键技术研究具有十分重要的意

义。

2009 年,作者作为一名博士生有幸加入了浙江大学空间结构研究中心关富玲教授的团队,从此接触到空间结构这个领域,研究的方向为与空间薄膜结构展开相关的关键技术,即基于非线性动力学原理,采用理论分析、数值计算和试验验证相结合的方法对空间薄膜结构的充气展开动力学行为和褶皱问题进行探索性的研究。从 2009 年至今,作者已开展空间薄膜结构的关键技术研究 10 余年,取得了一定的研究成果,本书即根据取得的研究成果整理而成,旨在为该结构的工程应用提供理论基础和技术支撑。全书共分 8 章,主要内容包括绪论、基于控制体积法的空间薄膜结构的展开分析、基于弹簧－质点系统方法的空间薄膜结构的展开分析、基于能量－动量法的空间薄膜结构的展开分析、空间薄膜结构展开的实验研究、基于张力场理论的空间薄膜结构的褶皱分析、基于显式动力法的空间薄膜结构的褶皱分析,以及空间薄膜结构的热分析。

本书为湖南省自然科学基金(2021JJ50015)的项目成果,特别感谢作者的博士生指导教师浙江大学关富玲教授和曾是同一课题组的同门师兄、浙江大学航空航天学院徐彦教授,他们为本书的出版提供了大力支持,本书部分章节内容参考了原课题组部分相关数据,在此表示诚挚的感谢和敬意。

同时,本书的出版也得到了南华大学土木工程学院领导和同事们的帮助,研究生章桥进行了本书部分章节的数据分析和撰写整理工作,研究生刘洛含、陈江、康迩涛也协助收集资料和处理了部分图片,在此一并表示感谢。

由于作者水平有限,对空间薄膜结构展开的关键技术理解得还不够透彻,对空间薄膜结构的展开还有待进一步深入研究,这也是作者今后努力的方向,书中的疏漏在所难免,敬请读者批评指正,邮件请发送至 brightxiao@163.com。

作　者
2024 年 7 月

目 录

第1章　绪论 ·· 001

1.1　空间薄膜结构的概念及特点 ················· 001

1.2　空间薄膜结构的研究与应用 ················· 003

1.3　空间薄膜结构的关键技术问题 ·············· 012

1.4　空间薄膜结构展开及其关键问题 ·········· 015

1.5　主要研究工作 ··································· 028

第2章　基于控制体积法的空间薄膜结构的展开分析 ·········· 030

2.1　概述 ··· 030

2.2　控制体积法 ····································· 031

2.3　空间薄膜充气管的展开分析 ················· 036

2.4　本章小结 ·· 043

第3章　基于弹簧－质点系统方法的空间薄膜结构的展开分析 ········· 045

3.1　概述 ··· 045

3.2　弹簧－质点系统(SMS)方法简介 ··········· 046

3.3　空间薄膜结构展开过程的仿真分析 ········ 052

3.4　SMS方法的验证 ······························ 053

3.5　算例分析 ·· 054

3.6　本章小结 ·· 075

第4章　基于能量－动量法的空间薄膜结构的展开分析 ·········· 076

4.1　概述 ··· 076

4.2　刚体运动学 ····································· 077

4.3　能量－动量法 ·································· 083

4.4　空间薄膜结构的展开理论分析 ·············· 092

4.5　空间薄膜结构展开分析的程序实现 ········ 102

4.6 算例分析 …………………………………………………… 105
4.7 本章小结 …………………………………………………… 114

第5章 空间薄膜结构展开的试验研究 ……………………………… 116
5.1 概述 ………………………………………………………… 116
5.2 空间薄膜充气管的展开试验 ……………………………… 117
5.3 本章小结 …………………………………………………… 132

第6章 基于张力场理论的空间薄膜结构的褶皱分析 …………… 133
6.1 概述 ………………………………………………………… 133
6.2 应力状态判别准则 ………………………………………… 134
6.3 不考虑褶皱情况下薄膜的变形 …………………………… 137
6.4 褶皱处理 …………………………………………………… 138
6.5 有限元实现 ………………………………………………… 145
6.6 本章小结 …………………………………………………… 149

第7章 基于显式动力法的空间薄膜结构的褶皱分析 …………… 150
7.1 空间薄膜结构褶皱分析的基本理论及方法 …………… 150
7.2 环形受扭转空间薄膜的褶皱分析 ………………………… 166
7.3 矩形受剪切空间薄膜的褶皱分析 ………………………… 173
7.4 局部增厚对空间薄膜结构的精度控制 ………………… 183
7.5 本章小结 …………………………………………………… 191

第8章 空间薄膜结构的热分析 …………………………………… 193
8.1 概述 ………………………………………………………… 193
8.2 空间薄膜充气管的热弯曲 ………………………………… 194
8.3 太阳辐射压力和外热流的计算 …………………………… 198
8.4 算例分析 …………………………………………………… 203
8.5 本章小结 …………………………………………………… 212
参考文献 …………………………………………………… 214

名词索引 ………………………………………………………… 221

附录 部分彩图 ………………………………………………… 223

第 1 章

绪　　论

1.1　空间薄膜结构的概念及特点

空间薄膜结构是由薄的、低模量、高柔性材料(如聚合物薄膜)组成的空间超轻型结构。空间充气结构是空间薄膜结构的一种特殊应用。膜结构的固有抗弯刚度很小,不能承受压力。因此,空间薄膜结构通常存在于张拉平面或膨胀曲线构型中。

空间薄膜结构为空间提供了一种低成本、轻质量、可替代机械展开结构的可能性(图 1.1)。与目前的机械系统相比,空间薄膜结构的质量更轻,体积更小,可以通过减少运载火箭的尺寸要求来潜在地降低整个太空任务的成本,同时减少了系统总质量和展开的复杂性,提高了系统的可操作性。空间薄膜结构可用于太空天线、雷达、聚光器、望远镜、遮阳板、太阳帆板、太阳能电池阵列和航天器伸展臂等的应用中。国外已有研究成果表明,与传统的机械展开结构相比,空间薄膜展开结构具有以下突出优点。

图 1.1　空间薄膜结构折叠前后的状态

①质量轻。与传统的机械式展开系统相比,空间薄膜结构系统的质量可以降低 50%。这是因为薄膜结构非常薄,一般薄膜结构的厚度只有 $10^{-3}\sim1$ mm。美国 L'Garde 公司研制的口径为 14 m 的充气膨胀展开天线,反射面与支柱的质量合计为 60 kg,而日本研制的口径为 13 m 的网状展开天线,仅反射面的质量就有 105 kg。

②包装体积小。与机械式展开结构相比,空间薄膜结构的包装体积可以降低 75%,而且,由于薄膜结构自身的柔性,还可以被包装成各种形状。美国 L'Garde 公司研制的口径为 14 m 的充气膨胀展开天线,包装体积为 1 m^3,日本研制的口径为 13 m 的网状展开天线,包装体积为 3.6 m^3。

③展开的固有可靠性高。与机械展开结构相比,充气展开结构的构成简单,可能失效的环节很少,在过去 20 年内的飞行试验中,几乎没有发生过失效现象。

④良好的温度响应特性。薄膜结构膨胀展开后,一般由两个相互对应的连续表面组成,热辐射交换可以有效降低两者间的温度梯度。美国的充气天线试验表明,通过选择适当材料,可以使向阳面和阴影面的温度梯度控制在 10 ℃ 范围之内。

⑤安全性可以满足一般要求。根据美国 L'Garde 公司预测,尽管当前空间碎片数量不断增加,但空间薄膜结构膨胀展开后,可以通过补气的方式长期有效地工作 10 年,这可以满足一般航天器的需要。而且,随着材料技术的发展,膨胀展开后可以使支撑结构刚性化,而不再依靠气体压力保持所要求的形状。

空间薄膜展开结构近几十年来愈来愈受到关注,美国、欧洲、俄罗斯以及日本等国家及地区陆续对充气结构技术展开了研究。目前该领域的应用研究主要有大型空间天线、望远镜、太阳能帆板、星球居住地、太阳防护罩及能量吸收系统等。

我国深空探测器、大型通信卫星以及科学试验卫星的发展,需要大口径的通信天线、地空无线电干涉测量天线、大面积太阳电池阵列、大型空间望远镜遮阳罩、展开式辐射器等部件,这些大型部件通过传统的机械展开结构来实现,不仅成本高,而且由于其质量及折叠体积的要求,在现有运载能力的前提下,有的几乎是不可能实现的。而薄膜展开结构具有质量小、包装体积小、折叠效率高、展开可靠、工程实施简单等优点,可以用于制造这类大型展开部件。

此外,小型的空间薄膜展开结构具有加工工艺简单、形状精度易于控制,且与传统机械展开结构相比,在质量和包装体积上同样具有明显的优势,因此该技术也同样适用于小卫星上有关的展开部件。

我国国防对大型天线武器系统作战平台、太空飞行器等也有大量需求。因此发展空间充气结构技术,将为我国建造高可靠性、低成本空间天线等大型结构及其他航天器结构部件提供充分的技术支撑,对提高我国未来在国际空间技术的竞争能力及空间作战能力具有重要的意义。

1.2 空间薄膜结构的研究与应用

自 20 世纪 50 年代以来,人们开始对空间薄膜结构进行研究。从 60 年代初的固特异天线、50 年代末至 60 年代初的回声气球系列、70 年代末至 80 年代中期的 Contraves 天线和遮阳伞、70 年代和 80 年代中期的加德公司的充气玩具到 1996 年 5 月"奋进号"航天飞机发射的充气天线试验(IAE)等,空间薄膜结构一直在展示它的潜力。

美国国家航空航天局(NASA)和美国国防部也一直在赞助充气薄膜结构技术的研发,这些技术包括充气薄膜结构的展开技术,薄膜和可硬化材料的开发,以及精密反射器的表面精度和分析工具的开发等。Goodyear 公司为 NASA 研制了 Echo Balloons 系列充气卫星,Echo 1 充气卫星(图 1.2)是一个直径为 30 m 的气球卫星,质量为 61.75 kg,由厚度为 12 μm 的镀有铝层的迈拉(Mylar)薄膜制成,发射前将其折叠包装在一个直径为 0.67 m 的容器内,并于 1960 年 8 月 12 日在美国的肯尼迪航天中心用德尔塔运载火箭发射上天。1962 年 4 月 24 日,Echo 1 成功地完成了第一次任务,从而证明了空间充气薄膜结构的可行性和实用性。

图 1.2　Echo 1 充气卫星

1.2.1　充气薄膜天线

1996 年 5 月 29 日,在美国航空航天局的主持下,在 STS－77 航天飞机携带的"斯巴达人"航天器上进行了一次充气天线试验(图 1.3),这是自"Echo Balloons"系列卫星升空以来所进行的一次最重要的充气天线试验。该天线的直径为 14 m,是由美国 L'Garde 公司提供的。

图 1.3　充气天线试验（IAE）

　　直径为 14 m 充气天线的充气结构由充气式反射器组合装置和圆环、连杆支撑结构组成。反射器组合装置呈双凸透镜状,背面是金属化的偏置抛物面反射器,表面精度为 1.0 mm。反射面由 62 个厚约 7 μm 的镀铝聚酯薄膜膜片构成,加压到 84 Pa 可保证反射面良好的精度。遮阳罩也是由 62 个厚约 7 μm 的三角形聚酯薄膜膜片构成。圆环、连杆结构的直径分别为 0.6 m 和 0.45 m,用涂有氯丁橡胶的厚 300 μm 的凯芙拉(Kevlar)制成,圆环可对反射器组合装置的边缘进行支撑。试验基本上达到了预期的目的(图 1.4),获得了许多宝贵的经验和数据,为充气天线的改进和逐步走向实用化奠定了坚实的基础。

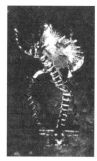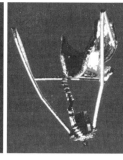

图 1.4　IAE 的展开过程

　　此后,美国喷气推进实验室(JPL)还制作了 X 波段和 Ka 波段的微带反射阵列天线。图 1.5 所示为 1 m 直径的 X 波段微带反射阵列,其反射面由支撑在可展结构上的两层薄膜构成,其充气可展结构由支撑反射面的充气圆环、支撑馈源的六边形充气环及 3 根充气直管组成。

图 1.5　1 m 直径的 X 波段微带反射阵列

图 1.6 所示为 3 m Ka 波反射天线,该天线包括长为 3.75 m 马鞍形的支撑框架和 3 个喇叭形支撑圆柱及 40.0 cm 直径的环管,材料采用氨基甲酸乙酯的 Kevlar。其中,框架由 25 cm 直径的硬化复合卷曲管(材料为石墨环氧树脂)、25 cm 直径的软充气管和软斜接头组成。

图 1.6 3 m Ka 波反射天线

美国许多技术公司和科研机构为 NASA 制造了一系列新型薄膜充气天线。SRS 技术公司为 NASA 制造了一个可展大孔径薄膜天线(图 1.7)。该天线为 35 m 口径球形充气天线,采用形状记忆复合材料 SMP 制成,均方根值只有 0.17 mm。为了支撑天线,设计加工了一个可刚化的圆环支撑结构。该结构考虑了圆环在相对高的气压下的气体泄漏问题,降低了充气天线在执行任务期间对气体补充的需求。

美国加利福尼亚大学为 NASA 研制了一个口径为 25 m 的充气天线(图 1.8)。该天线用于美国的 ARISE (advanced radio interferometry between space and earth)航天计划。ARISE 的目标是发射一个或两个直径为 25 m 的射电望远镜在高椭圆环地轨道上进行超长基线干涉测量。该天线充分利用了空间

图 1.7　采用形状记忆复合材料制作的球形充气天线

硬化技术,从而减小了所需要携带的充气气体的用量。

图 1.8　ARISE 航天计划所用充气天线

　　欧洲太空局联合 Contraves 公司开展了基于 ISRS 技术(inflatable space rigidised structure)的充气空间自固化天线(图 1.9),先后研制了口径为 3.5 m、6 m 和 12 m 的 3 个样机,薄膜材料采用树脂基的 Kevlar。天线展开硬化依靠太阳照射完成;卫星入轨以后,天线首先通过充气展开;为了更好地吸收太阳光,加快硬化过程,卫星需要调姿,让反射器正对太阳;在太阳照射下,只要反射面温度保持在 110 ℃ 6 h 以上,反射器就会完成硬化过程。

　　目前,天线反射面形式也不局限于抛物面,也有馈源阵子嵌入式平面反射面(图 1.10)。由于这种结构形式简单,容易构筑大尺寸的反射面,驱动装置也可以使用新型材料(如弹性材料钢卷尺),因此这种天线近年来也得到了很广泛的应用。

图 1.9 充气空间自固化天线

图 1.10 平面反射面天线

1.2.2 太阳帆板支撑结构

第二类空间充气结构是太阳帆板支撑结构。由于传统机械展开结构无法构建大型或超大型的太阳阵列,同时出于发射成本的考虑,美国航空航天局已经将充气太阳阵列作为其正式的研究项目,利用充气结构制作大型太阳阵列的展开和支撑结构。

L'Garde 公司制作的 ITSAT(inflatable torus solar array technology)太阳阵列(图 1.11),是由两根充气硬化的支撑管组成外框,支撑着框内柔软的太阳能电池阵列。ITSAT 太阳阵列折叠后的体积为 3 m×0.3 m×0.15 m,总质量不超过 10 kg,已于 2007 年发射升空。

图 1.11　ITSAT 太阳阵列

1.2.3　太空防护结构

充气舱因折叠效率高、发射质量轻，还可以为居住者提供辐射防护，被证实为人类在太空中的最佳住所，可作为国际空间站。

NASA 约翰逊航天中心团队开发的 TransHab 舱在相同的成本和质量下比单一发射的传统铝结构具有更大的体积。居住舱由 3 个独立的楼层组成，用于锻炼、休息、吃饭和社交。宇航员宿舍位于中心的第二层，四周环绕着充满水的墙壁，以便太阳耀斑发生时保护宇航员（图 1.12）。

2006 年 7 月，世界首个"太空旅馆"试验舱"创始一号"（图 1.13）在太空轨道成功充气展开。美国比奇洛航天公司设在拉斯维加斯的控制中心，遥控"创始一号"试验舱在距地面 500 多 km 的轨道上充气膨胀，试验舱的直径由发射时的 1 m 变成 2 m，达到了设计目标。

"创始一号"是充气式太空舱，充气前体积小、质量轻，采用柔性结构和复合材料，可以大大节约发射成本和提高运载效率。"创始一号"成功发射后，比奇洛航天公司还准备发射同样大小的试验舱"创始二号"。

大型空间望远镜遮阳罩 ISIS（图 1.14）是由 4 根充气展开支撑管组成的十字交叉框架，支撑着由 Kapton 薄膜制作的菱形的多层遮阳板。它由 4 层薄膜呈 Z

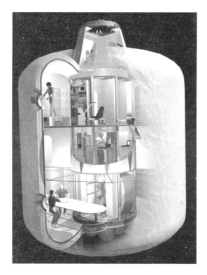

图 1.12　空间居住舱

图 1.13　"创始一号"

字形折叠在一起,4 根充气展开支撑管与这几层薄膜相连,卷绕在一个展开装置上。充气展开支撑管的展开带动着薄膜的展开。

2008 年 9 月,"神舟七号"载人飞船的成功上天,成为我国航天事业一个新的里程碑。"神舟七号"上宇航员穿的宇航服就是一种充气太空防护结构,它的作用是保护宇航员在太空不受低温、射线等的侵害,并为人类生存提供所需氧气。图 1.15 所示为中国自己制造的宇航服,宇航服的氧气罐为航天员提供氧气,而排出的二氧化碳则由氢氧化锂所吸收。宇航服的表层有阻隔辐射的功用。在太空中航天员的体温则由一套贴身内衣调节,这套内衣布满水管,水泵不断用水循环把航天员身体所发出的热量带走,水则由升华器冷却。宇航服还有一个重要

图 1.14 大型太空望远镜遮阳罩

功能,就是为航天员提供所需的气压(约等于一个标准大气压力),如果气压过低,人体血液及身体组织内的气体会离开,令航天员患上类似潜水员常患的潜水病。

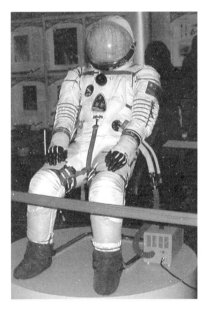

图 1.15 宇航服

2016 年,毕格罗可扩展活动太空舱(BEAM)由 SpaceX 公司的"龙"货运飞船搭载猎鹰 9 号火箭运送至国际空间站,安装并完全充气展开后,国际空间站航天员可以拥有 16 m^2 的扩展空间。BEAM 发射时呈折叠状态,长为 2.16 m,直径为 2.36 m,容积为 3.6 m^3;展开构型时,长为 4.07 m,直径为 3.06 m,内部容积为 16 m^3;质量为 1 360 kg。BEAM 展开状态如图 1.16 所示。

图 1.16　比格罗可扩展活动太空舱

这种膨胀充气式太空舱不仅给空间站舱段建设扩展模式带来变革,而且由于价格较低,质量轻,便易运输,发射费用低廉,也是人类未来在月球与火星基地建设中的重要技术。

除此之外,充气结构还可以应用于太阳能集中器。充气式展开太阳能集中器可以用于推动航天器,它可以将太阳光集中起来加热低分子量气体,使其膨胀并从喷嘴喷出来达到推动航天器的目的。

1.3　空间薄膜结构的关键技术问题

1.3.1　材料技术

有机聚合物材料由于质量轻,能够形成复杂的形状,具有紧凑存储的潜力,能够实现小体积的有效承载而备受青睐。有机聚合物在航天器上主要用于黏合剂、复合基质树脂、太阳能电池衬底、多层隔热毯、系绳、线、反射器、收集器、天线和遮阳伞、防辐罩等。在太空中,有机聚合物会受到微粒辐射、原子氧、紫外线辐射、热循环、微尺度撞击以及所有这些因素的综合作用造成的空间环境诱导降解的影响。为满足天线反射面的形状精度要求,有机聚合物材料中,Kapton 具有良好的综合性能,比较适合超轻、大直径充气薄膜展开结构的制作。

为了满足未来太空的需要,航空材料的性能研究进一步围绕改善空间环境适应性和具体的性能组合而展开,包括低太阳吸收率、高热发射率、韧性、抗撕裂性、折叠能力、接缝和黏合能力、精确的表面光滑度、熔化加工能力等。为了设计具有空间环境耐久性的材料,有必要彻底了解聚合物对不同类型辐射及辐射组合的衰变机制。高分子材料可能涉及设计与合成新的聚合物和陶瓷/无机材料,加入添加剂,如纳米颗粒,以赋予其理想的性能,如抗撕裂性、耐辐射性和导电性等。

1.3.2 结构折叠和展开技术

结构折叠和展开技术主要针对过去大型充气结构展开过程中遇到的没有解决的一些问题,比如冲力的减小和随后结构扩展导致的不受控制的展开;飞船在展开过程中出现不同方向的倾斜,但在膨胀完成后返回到接近稳定的方向等。

研究发现,大型充气结构的折叠方法和展开控制机制能解决这些展开问题。该问题的解决除了对系统要求和充气结构的机制有清楚的了解外,展开控制机制和折叠方法起到关键作用。

展开控制机制包括两个方面,一是展开控制机制的系统要求,二是展开控制装置。

(1)展开控制机制的系统要求。

①展开控制机制不仅要控制展开速率,还要控制展开方向。这对许多可膨胀结构构型特别重要,因为它们在膨胀过程中具有固有的不稳定性。这些机制的使用将决定展开路径,为了限制传递给正在展开的设备的冲力和力矩,控制展开的速度和平稳性非常重要。在展开期间速率的变化将改变内部压力,从而改变展开期间的系统刚性。

②在展开过程中保持结构内压力均匀。因为充气结构的刚度来自其壁面的拉应力是内部压力的函数,所需的内部压力与所使用的材料有关,所以必须通过控制展开机制的设计来满足。

(2)展开控制装置。

展开控制装置分为两类:①控制结构展开的装置。②控制薄膜系统的装置,如尼龙搭扣卷起装置、恒力弹簧卷起装置、滚动制动机构等。

折叠方法的选取和使用也很重要,在开发充气结构的折叠方法时,有许多要点需要考虑。首先,折叠方法一定不能限制结构的膨胀;其次,折叠方法对充气系统的控制展开有很大的影响;第三,必须考虑由于折叠和展开造成的材料退化效应。第四,必须包括上升过程中释放滞留气体的路径;最后,必须考虑与展开控制机制有关的由于折叠方法引起的应变能的影响。

1.3.3 结构硬化技术

由于长期的空间应用,充气薄膜结构一般都需要硬化以防漏气和损伤。由于微流星体和太空碎片的撞击,充气舱壁上的小孔会产生气体泄漏。如果结构在完成膨胀展开后硬化,则无须携带大量补充气体来补偿泄漏。

空间薄膜结构的硬化技术主要包括:铝层压板加压硬化;水凝溶化性树脂胶硬化;开孔泡沫硬化;热固性复合层压板加热硬化;热塑性复合层压板冷却硬化;紫外线固化复合层压板;泡沫注入;层压板充气反应硬化;记忆材料使用等。其中铝层压板加压硬化方法最经济实用,是通过将薄铝箔黏合到聚酯薄膜(如Kapton)上制成层压板,当聚酯薄膜提供抗撕裂性和气体密封时,铝箔通过屈服点以上的压力拉伸,提供充气薄膜结构的刚性。

1.3.4 空间薄膜结构高精度实现与精度保持技术

为了保证空间薄膜结构收发信号的可靠性,空间充气薄膜结构的反射面必须满足高精度的要求,因此结构表面的精度控制和保形技术至关重要。

目前比较先进的技术有柔性结构与形状控制相融合的一体化设计技术、主被动力控型和空间刚化技术、考虑柔柔和刚柔适配连接的精细化设计技术,以及基于欧几里得数最小二乘解的抛物面型薄膜结构面型精度分析方法和精度调整模拟技术等。

1.3.5 重力消除技术

在充气可展天线的地面测试试验中,重力不可避免地对反射面形面精度产生影响,反射面在重力作用下偏离实际位置,而在太空失重条件下这种影响是不存在的。为了在地面试验中模拟太空工作条件,必须消减重力的影响。

目前试验采用的消除重力的方法有:悬挂法、跌落消除重力法、气浮导轨法等。另外,重力对充气薄膜结构的裁剪也有一定的影响。

1.3.6　热分析技术

不均匀的温度变化会使空间薄膜结构产生较大的热变形或热颤,导致天线反射器信号失真,无法正确接收或发送信息和指令,严重者致使航天器失效,精确分析空间薄膜结构的温度场及其变化以及空间环境的热荷载所引起的结构变形是非常重要的,而且在结构性能的预报和控制方面也有重要的意义,因此,热分析技术也是空间薄膜结构的关键技术之一。

综上所述,充气薄膜天线是目前大口径和超大口径天线研究的重点,也是本书研究的方向。对于充气薄膜天线的研究,需要解决的问题很多,如薄膜天线的折叠方法问题、薄膜的褶皱问题、薄膜天线的展开运动学和动力学分析、内部气压的确定和优化、抛物面膜面结构的预应力确定、温度分析和撞击分析、支架的展开和防缠绕等问题。

1.4　空间薄膜结构展开及其关键问题

1.4.1　空间薄膜结构的展开

空间薄膜结构的展开是空间薄膜的最关键问题,而与展开相关的问题又包括空间薄膜的模型问题、折叠问题、褶皱问题、展开的动力学问题,以及与之有关的空间环境问题等。

1. 空间薄膜结构的理论模型

空间薄膜结构的模型包括理论模型和试验研究模型,空间薄膜结构的理论模型是从试验研究的基础得到的。

将一个结构在发射前包装成小体积,一旦入轨后就展开成大尺寸的想法自从空间探索以来就产生了。

1999 年,Pelligrino 和合作者就对钢卷尺及钢卷尺作为展开结构的加劲肋进行了展开试验。试验发现钢卷尺是具有曲线截面的薄壁条带构件,当弯曲时贮存了弹性应变能,一旦放开应变能就被释放出来。

这次非约束卷曲折叠钢卷尺的展开试验表明:折叠的钢卷尺是高度非线性

构件,其展开过程中的弯矩—角度关系如图 1.17 所示。当折叠角很小时,其关系是线性的,当受正向弯矩作用的时候,随着弯矩的增大,截面开始扁平,当弯矩达到极限值时,钢卷尺会突然失稳,弯矩会突然下降。然后,随着折叠角的增加,折叠的弯矩保持为一个常数。同时,钢卷尺折叠与反折叠,其性能是完全不同的,说明钢卷尺弯矩是不对称的,如图 1.18 所示。

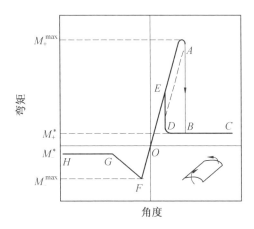

图 1.17   钢卷尺弯矩—角度关系曲线

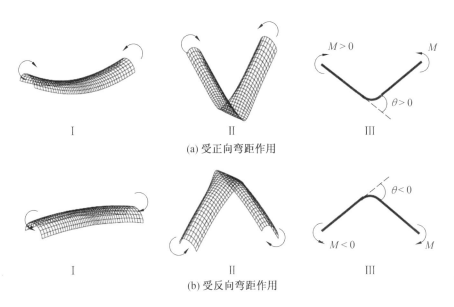

图 1.18   钢卷尺折叠与反折叠的不对称性

Greschik 和 Park 做了管状螺旋形梁的折叠和展开试验。管是有缝的空心薄壁构件，卷在一个芯轴上，像钢卷尺一样，卷曲时贮存了弹性应变能，最后展开成一个空心的螺旋形管。

综上，充气薄膜结构展开模型包括钢卷尺的展开模型、卷曲折叠管展开模型等，其中应用得较多的模型有卷曲折叠管展开模型、流－固耦合模型、非线性铰链模型、控制体积模型及能量－动量模型等。

（1）卷曲折叠管展开模型。

① 卷曲折叠管展开模型的原理。

卷曲折叠是空间充气薄膜结构的一种基本折叠方式，是 Fay 和 Steele 基于刚体运动学原理建立的卷曲折叠充气管的展开动力学模型。其充气展开过程几何示意图如图 1.19 所示。根据阿基米德螺线方程及刚体的平面运动微分方程，可得到充气管展开动力学方程，进而可得到管的展开速度和加速度。

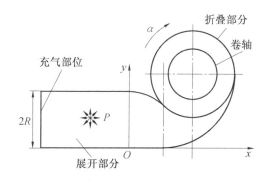

图 1.19　卷曲折叠管充气展开过程几何示意图

Steele 等采用数值方法分析了 100 m 卷曲管的展开动力学性能。结果表明，充气时的初始压力与最终压力的比值越大，展开平均速度越慢，展开时间越长；降低充气时的初始压力与最终压力的比值，则能提高展开速度，同时卷曲管的折叠部分在完全展开的瞬间会对系统产生较大的冲击力。

为了控制充气管的展开过程，Salama 等研究了用维克罗（Velcro）粘扣控制卷曲折叠管的充气展开过程。2003 年，Fang 等参考前人的工作，把气体动力学与结构运动学结合（图 1.20），研究了充气管用 Velcro 粘扣控制时的充气展开过程。

②卷曲折叠管展开模型的优缺点。

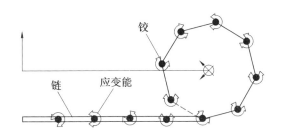

图 1.20　充气管展开动力学模型

运用卷曲折叠管展开模型对充气管进行展开分析时,充气管在展开过程中会产生一定的振动,振幅随时间的增加逐渐地减小。这个模型对于空间充气管展开动力学研究的不足在于:一方面充气速率过高,量级为声速;另一方面展开控制系数难以客观确定,一般采用试验测定。

(2)流－固耦合模型。

①流－固耦合模型概述。

流－固耦合模型是指变形固体在流体作用下(受力、受热)的各类行为,以及固体变形对流场影响这两者之间的相互作用的数学或物理表达。

流－固耦合方法是目前国际上较为流行的动态有限元模拟方法之一。柔性结构在折叠及充气展开过程中产生有限变形,其固态结构变形与气体流场相互耦合,结构各部分力学性能十分复杂。

任意拉格朗日－欧拉(arbitrary Lagrangian-Euler,ALE)法适合于求解瞬时、非线性流－固耦合问题。ALE方法既有拉格朗日的特点,可应用于自由液面的流动,也保留了欧拉特点,可克服网格的畸变。ALE网格运动描述示意图如图1.21所示。

在研究流体运动时,首先必须描述流体的运动物理量,而在不同的描述方法下,流体运动物理量有着不同的描述形式。

一般说来,对于流体有两种经典的描述方法:拉格朗日方法和欧拉方法。拉格朗日方法着眼于流体质点,流体质点与物体固结在一起运动,因此拉格朗日坐标是与流体质点始终是一致的。欧拉方法选择固定的坐标,空间中各点的物理参数由其在欧拉坐标系中的位置矢量确定。

ALE方法不同于拉格朗日方法和欧拉方法,它引入了一个计算参考域,并以任意的速度移动。通过选取不同的计算参考域速度,可以在边界处采用纯拉格

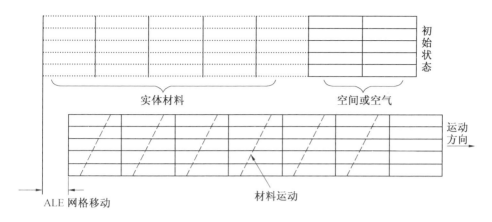

图 1.21　ALE 网格运动描述示意图

朗日描述,同时可以保证在其他部分的网格不至于发生过大的扭曲。

2003 年,兰利研究中心的 John 和 Arthur 用流—固耦合法对伸缩式充气支撑管进行了模拟,建立了有限元模型,如图 1.22 所示。此模型是由欧拉网格模拟充入气体的流动,此方法较为真实地模拟出伸缩式充气支撑管的展开过程。结果表明,流—固耦合模型更能真实地反映展开过程,但是需要更小的时间步长。

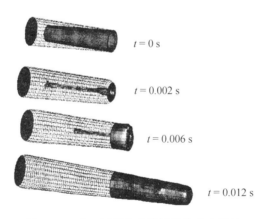

图 1.22　流—固耦合法模拟伸缩式支撑管

2005 年,Lienard 等利用 MSC-Dytran 对具有 Velcro 粘扣控制展开的充气管进行了数值模拟分析。结果表明,充气展开过程不是匀速的,不同的展开时间打开 Velcro 粘扣的压力也是不一样的。卷曲折叠管不同时刻的展开状态如图 1.23所示。

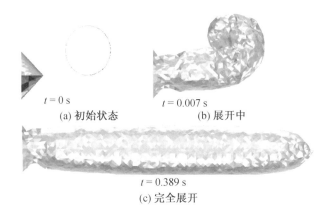

$t = 0$ s
(a) 初始状态

$t = 0.007$ s
(b) 展开中

$t = 0.389$ s
(c) 完全展开

图 1.23　卷曲折叠管不同时刻的展开状态

②流—固耦合模型的优缺点。

在流—固耦合模型中,充气管的运动方程和偏微分方程通过有限元法进行离散化处理,并采用显式积分求解,因此这种模型能很好地描述充气管在展开过程中气体与柔性管之间的相互作用,准确反映了充气管的展开动力学特性。但由于流体控制方程中存在对流项,以及为了保证流—固耦合的稳定性与计算精度需要采用较小的时间步长,这样将会使大型充气结构的流—固耦合计算十分耗时。

因此,这种方法建模复杂、运算复杂、运算量大,在对其他折叠形成的充气管仿真时又会遇到问题。

(3)非线性铰链模型。

①非线性铰链模型的基本内容。

1999 年,Clem 等采用多刚体理论进行了充气管的展开模拟,采用二维刚性链系统研究充气管的展开动力学。他将刚性链之间用非线性旋转弹簧和线性旋转阻尼铰进行连接,其物理过程如图 1.24(a)所示,忽略管子在展开时的拉伸和弯曲。

非线性铰链模型的基本思想是:在 Z 形折叠充气管展开过程中,铰 A 产生大的弯曲,铰 B 也产生大的弯曲,且方向与 A 相反。那么,在 A、B 之间必定存在一个曲率为零的截面,假设曲率为零的截面只有一个,设为 C。展开过程中充气管 AC 段可等效为图 1.24(b)所示的悬臂梁结构,端部曲率最大,顶部曲率为零。

根据 Bernoulli-Euler 法和弹性悬臂梁的弯曲理论可以推得充气管折叠处驱

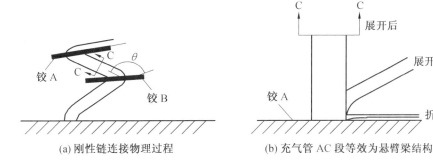

(a) 刚性链连接物理过程　　　　(b) 充气管 AC 段等效为悬臂梁结构

图 1.24　充气直管等效为悬臂梁结构

动弯矩和充气气压以及折叠角之间的关系。

2006 年以来,浙江大学关富玲研究小组在总结前人研究成果的基础之上,对这种充气过程进行了深入的研究,做了几点改进:一是考虑了钢卷尺的加劲作用;二是采用基于能量函数的弹簧－质点系统来模拟空间薄膜结构的充气展开过程。

②钢卷尺的模拟。

如果充气结构内壁附有钢卷尺,则可以将钢卷尺看作组合铰链,组合铰链的展开弯矩与各几何参数的关系同单根钢卷尺相似,因此可以借鉴单根钢卷尺的展开弯矩公式,通过拟合得到组合铰链的展开弯矩。研究发现,这部分弯矩只与钢卷尺的厚度呈 3 次方的关系,与截面的圆心角呈线性关系,而与壳体截面半径、折叠点间的钢卷尺长度无关。

③弹簧－质点系统。

薄膜展开基于能量函数的弹簧－质点系统,即假定三角形单元的 3 个顶点为质点,3 条边长用弹簧代替。初始状态中弹簧长度为原长,运动过程中弹簧的长度不等于原长,故弹簧中存在内力。质点在弹簧力和外载荷的作用下,最后运动到平衡状态(图 1.25)。

采用基于弹簧－质点系统的非线性铰链模型不仅可以模拟直管的展开,也可以模拟充气环管和充气膜面的展开。

④非线性铰链模型的优缺点。

通过采用高、低两种不同的充气速率对卷曲折叠的充气管进行充气展开研究发现:采用低速充气方案的结构展开稳定性优于采用高速充气方案的结构展

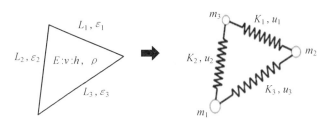

图 1.25　弹簧－质点模型图

开稳定性。

基于能量函数和弹簧－质点系统的非线性铰链模型方法与传统的有限元法相比，其优点是建模简单，并能有效地分析复杂充气结构的展开。用非线性铰链模型研究充气管展开动力学的一个难点是如何把合适的薄膜弹簧刚度分配到每个三角形单元上，且该模型没有考虑薄膜结构在展开过程中的褶皱和松弛问题。

2. 试验研究

自从 1996 年 NASA 对充气展开天线进行在轨试验（IAE）以来，国际上对充气展开结构也进行了大量的展开试验，研究其展开动力学特性、增压方式以及展开稳定性等问题。

1998 年，Greshik 等在 NASA 的由 Boeing－707 改装的飞机上，通过在空间环境中跌落消除重力的方法，对太阳阵列和充气薄膜天线的缩比模型进行测试，目的是研究在微重力环境下结构的充气展开动力学特性。其中太阳阵列由两根平行的聚酯薄膜材料的充气管（长为 1 m，直径为 25 mm）支撑，充气管按 Z 形折叠，折叠线的方向垂直于阵列的折叠方向，研究其展开性能。充气薄膜天线模型由 3 根 Z 形折叠的充气管、1 个支撑环和 1 个薄膜反射体组成。试验时模型先释放，在 15～20 s 之后开始充气，目的是研究折叠形式对展开动力学特性的响应。2002 年，Campbell 等也同样在 KC－135 航天器上，对缩比的充气薄膜天线进行充气展开试验，充气管也按 Z 形折叠。结果表明，缩比模型的充气展开过程与IAE 的展开过程非常相似；空间环境下增压方式对充气管的展开有直接影响，而且缩比模型试验有助于进一步了解薄膜展开过程，可为控制展开设计和空间展开动力学预报提供依据。

在 Z 形折叠中最基本的折叠形式为 V 形，通过对这种简单折叠形式的展开动力学研究，有助于认识充气展开机理。2001 年，Smith 和 Clem 等对 V 形折叠的充气管进行了 0g 重力以及 1g 重力的展开试验。试验中采用的充气管为 Kevlar 聚酯薄膜材料,长度为 125 cm,直径为 10 cm。试验时将折叠薄膜管的两端安装在两个滑块上,滑块可以在 1 个直线气浮导轨上进行无摩擦运动,试验装置如图 1.26 所示。

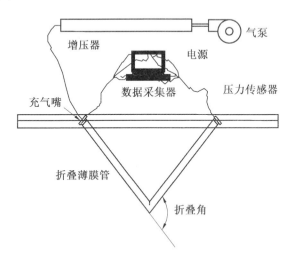

图 1.26　V 形折叠管在气浮导轨上的展开试验

试验结果表明,V 形折叠管在 0g 和 1g 环境下的展开动力学特性相似,但压力变化有明显不同。在 1g 环境下的展开试验中,与充气端相比,非充气端存在压力滞后的现象;但在 0g 环境下的试验中,不存在这种增压滞后现象。原因是在 1g 环境中,重力造成了 V 型折叠管各部分间的摩擦。另外,增压滞后也与管子半径、折叠角等因素有关,如果折叠角小于某一临界值,滞后就不会发生。

刘晓峰也对 V 形折叠管的展开动力学特性以及管内压力的变化进行了试验研究,将充气展开过程分为两个独立的阶段,即充气膨胀阶段和展开阶段。展开试验装置如图 1.27 所示。

2003 年,Welch 等对 Z 形折叠的充气管展开动力学做进一步试验研究,他们把 W 形折叠的充气管自由地放在气浮平台上,使管子浮在空中模拟微重力环境,研究充气管的二维展开动力学特性以及压力变化特性。结果表明,W 形折叠管的充气展开过程中出现了 U 形,分析认为是由于自由端的惯性质量引起的,其充气展开过程如图 1.28 所示。

Lou 等对弹簧片增强的层合铝充气管进行了卷曲折叠的充气展开试验,主要

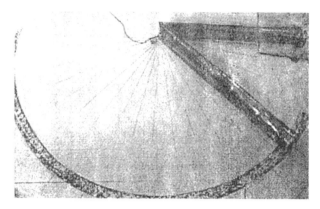

图 1.27　充气管在滚珠导轨上的展开试验装置

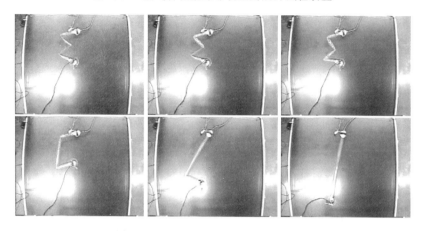

图 1.28　W 形折叠管的充气展开过程

研究了卷曲折叠半径对展开动力学的影响以及展开后充气压力对屈曲载荷的影响。Fang 等对 5 m 长由 Velcro 控制展开的卷曲折叠管进行了展开试验,他将充气管垂直悬挂在固定测试装置上,向下展开(图 1.29)。结果表明,在展开前 1/3 阶段展开端的振动不明显,之后振动逐渐增强,分析是由于系统的共振引起的。

Pappa 等对用 4 个纵向和横向的充气管展开新一代空间望远镜(NGST)的超轻型充气展开太阳防护罩的缩比模型进行地面展开测试,其中充气管也采用 Velcro 控制的卷曲折叠方式展开。展开过程测试的目的是评估薄膜的折叠方式,充气管的展开直线度和刚度,以及控制薄膜展开的动力学等展开特性,其中最重要的是验证在展开过程中,折叠和控制展开薄膜在消除滞留气体和相互接触时产生刺穿风险的能力。此次地面展开试验得到如下经验:①重力的影响比

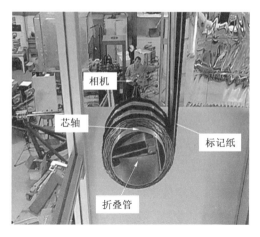

图 1.29　悬垂法进行充气管的展开

预计的大,使纵向充气管产生了较大的挠度;②采用较低的充气压力时管子易产生屈曲。浙江大学的管瑜同样也对 Velcro 控制的卷曲折叠管进行了展开试验,将充气管放置在地面上沿水平方向展开,其充气自硬化支撑管的展开过程如图 1.30 所示,验证了这种展开方式的可行性。

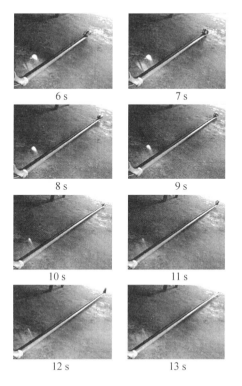

图 1.30　充气自硬化支撑管的展开过程

1.4.2 空间薄膜结构的褶皱

褶皱是薄膜结构中最常见的现象。褶皱是由于薄膜结构的抗弯刚度极小而发生的平面外屈曲,褶皱的实质是薄膜结构的失稳破坏。褶皱现象大量出现在充气可展开薄膜结构中,不仅严重影响结构的美观,还会导致整体结构松弛,承载能力下降,严重时会导致结构破坏。对于空间薄膜结构,褶皱还会影响结构表面精度,直接影响空间结构的电性能和使用。

目前国内外对于空间薄膜结构褶皱的研究主要集中于理论研究和褶皱形成机理、发展规律、影响因素以及褶皱与振动特性的关系等方面,而对有限元模拟方法、应力分布、能量分布以及控制方法等方面的研究有所不足。空间薄膜结构应尽量避免褶皱的出现,所以对褶皱的产生机理及褶皱与各影响因素的关系、主应力、弹性应变能以及控制方法的研究具有十分重要的意义。

随着高精度空间薄膜结构研究的进展,目前对于薄膜褶皱的研究已成为一个热点问题。通过该问题的研究,可以从理论上分析薄膜褶皱的产生和扩展机理,以及其复杂的后屈曲行为,掌握褶皱的变形特征及产生褶皱以后薄膜的动态特性。从而为空间薄膜结构的精度控制、稳定性以及振动控制提供理论依据,为大型空间薄膜结构的设计和分析奠定坚实的理论基础,进一步促进大型的薄膜结构,尤其是高精度的薄膜结构在空间领域的应用。

对于不同的薄膜结构,薄膜褶皱研究的侧重点有所不同。对于张拉膜结构来说,薄膜褶皱研究的重点是褶皱区域薄膜张力的预测和分析;对于高精度的空间薄膜结构来说,薄膜褶皱研究的重点是褶皱的面外变形信息,如褶皱的波长、幅度和方向等。研究的侧重点不同,采用的分析方法也不尽相同。对于薄膜结构褶皱,研究方法概述如下。

(1)基于张力场理论的薄膜褶皱研究方法。

这种方法主要是对薄膜的本构关系进行修正,避免薄膜中压应力的出现,结合修正后的本构关系采用数值分析方法进行褶皱分析,得到褶皱形成以后的应力状态。该研究方法适用于张拉膜结构的褶皱分析。

(2)基于稳定性理论的薄膜褶皱研究方法。

这种方法是将褶皱作为薄膜的局部屈曲现象进行研究,考虑了薄膜微小的弯曲刚度,将稳定性的理论及分析方法引入薄膜褶皱分析之中。这也是目前唯一能够获得褶皱面外变形信息的方法,适用于高精度空间薄膜结构的褶皱分析。

基于稳定性理论的薄膜褶皱的数值分析主要有两种途径:一是采用非线性屈曲分析方法,通过引入初始缺陷的方式来触发褶皱的形成;二是通过分岔分析方法来确定面外变形的分岔路径。第一种方法可以通过通用的软件进行褶皱的分析,但是引入的缺陷将对分析结果产生影响,第二种方法不需要引入任何缺陷,但在分析过程中需要引入分岔法则来跟踪分岔路径,求解较为困难。

(3)基于试验的薄膜褶皱研究方法。

Miyamura 通过试验系统地研究了环形薄膜结构在面内扭转情况下的褶皱形变和应力分布。Jenkins 等使用电容传感器,分别测量了充气薄膜结构的变形以及在剪力和张力载荷共同作用下的薄膜表面等温过程中的褶皱变形,得到褶皱的面外变形。此外,Blandino 等利用电容传感器,在矩形聚酰亚胺薄膜四角拉伸情况下,对褶皱变形进行了试验研究。摄影测量方法作为一种非接触式的测量技术,已成为柔性薄膜结构变形测量方面经常采用的一种方法。摄影测量法是通过多个数码相机从不同角度对物体进行拍摄,并基于多幅图像上同一标定点之间的三角计算法则,将所得到的两维平面图像转换为三维立体图形,实现对结构变形的测量。Pappa 等利用摄影测量法对充气展开薄膜结构的褶皱现象进行了大量的研究工作。

1.4.3　空间薄膜结构的空间环境

空间薄膜结构在全生命周期内会经历各种环境,环境要素及其效应对空间薄膜结构完成空间任务带来了严峻的挑战。考虑空间薄膜结构各装配级产品的功能、性能、可靠性、安全性、环境适应性等要求,以及对全生命周期内可能遇到使用条件的依赖性,在设计开始时必须准确地识别环境要素,考虑产品从出厂到整个工作期间的各种事件(如装卸、运输、贮存、发射、在轨运行、返回)相对应的环境要素及其效应。

空间环境是指空间薄膜结构在飞行过程中遇到的来自地球、太阳、行星和星际空间等的自然和诱发环境的总和。例如,空间背景环境、热环境、中性大气、离子辐射(高能粒子)、空间碎片与微流星体等。

虽然经过多年的发展,在航天材料空间环境效应及影响机制方面开展了大量的研究,但由于空间环境的复杂性和空间材料的多样性,因此在空间薄膜结构环境要素与效应研究方面仍有大量问题有待进一步研究。

1.5　主要研究工作

根据空间薄膜结构目前研究中所存在的问题,本书以空间薄膜结构的展开为主线,深入研究薄膜结构展开的动力分析、数值模型、展开机理、充气薄膜结构的展开控制、薄膜结构展开的试验研究、薄膜结构展开过程中的能量变化以及在轨热分析等,具体包括以下几个部分。

(1)通过查阅国内外的大量文献,介绍了空间薄膜结构尤其是空间充气薄膜结构的概念、优点以及国内外发展应用现状,并对空间薄膜结构的关键技术进行了小结。

(2)对空间充气薄膜结构的展开理论进行了概括和总结,对充气展开的主要模型和展开机理进行了分析,并比较了几种模型的优缺点。

(3)基于控制体积法,对充气结构的控制展开特别是展开过程中的速度控制进行了分析,从结构和材料本身的特点以及模型的角度提出了充气结构展开速度的控制方法和基本措施,以满足空间设计的实际需要。

(4)基于能量函数的弹簧—质点系统方法,并针对空间充气薄膜结构的特点,将薄膜材料的特性引入模型中,考虑充气以及折叠处展开弯矩的影响,对充气折叠管、反复薄面等空间(充气)薄膜结构的折叠和展开进行了数值分析,该方法具有建模简单、计算效率高、数值稳定性好等优点。

(5)从能量—动量的角度出发,研究充气结构的展开过程以及动力性能,不仅避免了求解几何刚度的麻烦,而且考虑了能量和动量守恒,保证了数值积分的稳定。在对充气薄膜结构的展开过程中,考虑了气体与结构的相互作用,采用小刚度薄膜理论考虑了薄膜的褶皱以及自接触问题,并进行了展开过程中的能量和动量分析。

(6)采用气垫导轨模拟微重力环境,用试验方法首次研究了钢卷尺加劲的充气自硬化管的展开过程和动力性能,并与数值模拟结果进行了比较。

(7)基于张力场理论,薄膜用弹簧—质点系统方法进行模拟,分析薄膜结构在外载荷作用下的变形、应力和应变,采用综合准则进行薄膜受力状态的判别,并运用此方法对平面矩形薄膜、充气反射面的褶皱区域和方向进行了预测。该方法不仅能精确地分析褶皱区域和方向,而且能分析褶皱的形状和大小,是一种收敛性好、效益高的褶皱分析方法。

(8)显式动力法是分析空间薄膜结构的另一种有效方法,与其他方法相比,其优势在于规避了繁杂的收敛问题,能极大地提高工作效率。本研究采用显式动力法分析了矩形剪切薄膜在不同膜材厚度、不同网格密度和不同剪切位移下的主应力和弹性应变能的分布规律及原因,对薄膜因局部增厚对结构表面精度的控制有着良好的效果。

(9)对空间充气薄膜结构的环境影响因素,特别是对充气结构外界热环境进行了详细的分析,具体分析了充气薄膜结构的外热流来源、所受太阳辐射压力和热致扭矩的大小等,对空间薄膜结构的在轨环境影响研究具有一定的参考价值。

第 2 章

基于控制体积法的空间薄膜结构的展开分析

2.1 概　　述

对于自由展开的空间薄膜结构,其充气展开实质上经历了两个过程:第一个过程是充气过程,随着气体的充入,结构慢慢地完全膨胀展开;气压继续增大,当超过管壁应力屈服强度时,管壁产生塑性变形,这时,达到第二个过程,即硬化过程,结构便具有了一定的刚度,这个刚度即使在结构内没有气压作用的情况下也是不变的,硬化的同时也消除了因折叠而产生的褶皱。

一般来说,空间充气薄膜结构的展开都是采用可控的展开方式依次进行展开的。这种可控的展开方式能保证展开的可靠性,以 IAE 型的充气天线为例,其展开过程为:当包装结构开启后,依靠盒内弹簧的作用推动折叠状态的天线结构,使 3 根支撑管以相同的速率从盒中弹出,然后气体进入管内,对支撑管进行充气。当支撑管差不多完全展开时,气体开始通过支撑管进入支撑环,最后到反射体,直到结构完全展开。

为了保证充气天线的展开可靠性,必须在充气薄膜结构的展开过程中加一些控制措施,这些控制措施通常包括:分气室充气展开、圆筒展开控制、缠绕展开控制、缆绳制动展开控制以及在外壁粘贴 Velcro 等。除此之外,充气结构的展开还与结构本身的材料性能及模型的设置有关。

本章主要讨论采用控制体积法从材料和结构的本身及模拟方法上来控制充气结构的展开速度,以达到平稳展开的目的。具体来说包括以下内容:首先阐述控制体积法的基本原理和方法,并从模型设置上进行改进;其次研究充气速率、材料参数、充气温度及排气面积等参数对充气管展开速度的影响;最后将模拟结果与试验(见第 5 章试验部分)进行对比,从而验证方法的可行性,并提出工程实际中降低充气管展开速度的措施和方法。

2.2　控制体积法

控制体积(control volume,CV)法是目前充气展开结构模拟中较受推崇的一种方法,应用较为广泛。控制体积法考虑了充入气体产生的压强,同时忽略了充入气体惯性和动力学性能的影响,适合充入的气体和薄膜结构之间相互作用的模拟。

2.2.1　气囊模型

首先介绍气囊模型,主要包括 3 方面内容:①气囊织物材料性能;②气囊中气体模型;③状态方程和气压公式。

1.气囊织物材料性能

气囊织物表现出很强的材料非线性,且不能承受压力和弯矩。气囊纤维需要一定的拉力才能拉紧,这就意味着气囊存在着初始的松弛。这可以通过气囊纤维的弹性模量与应变的函数来表达(图 2.1)。气囊模型中 1—2 段弹性模量为零,对应着能承受的受压应变为零;2—3—4 段弹性模量对应着受拉应变。因此,1—2 段模拟纤维不能承受压应力,2—3—4 段模拟纤维的初始松弛。

为了研究材料模型,将 Cauchy 应力矢量 $\boldsymbol{\sigma}_{ij}$ 和相应的变形矢量 $\boldsymbol{d}_{ij}$ 转化为材料坐标系统,以下标 L 表示,那么在材料坐标中应力通过应力增量表示为

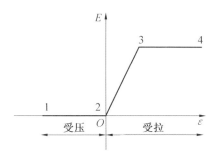

图 2.1　气囊纤维弹性模量与应变关系曲线

$$\boldsymbol{\sigma}_L^{n+1} = \boldsymbol{\sigma}_L^{n} + \Delta\boldsymbol{\sigma}_L^{n+\frac{1}{2}} \tag{2.1}$$

式中

$$\Delta\boldsymbol{\sigma}_L^{n+\frac{1}{2}} = \begin{bmatrix} \Delta\boldsymbol{\sigma}_{11} \\ \Delta\boldsymbol{\sigma}_{22} \\ \Delta\boldsymbol{\sigma}_{12} \\ \Delta\boldsymbol{\sigma}_{23} \\ \Delta\boldsymbol{\sigma}_{31} \end{bmatrix} = \begin{bmatrix} Q_{11} & Q_{12} & 0 & 0 & 0 \\ Q_{12} & Q_{22} & 0 & 0 & 0 \\ 0 & 0 & Q_{44} & 0 & 0 \\ 0 & 0 & 0 & Q_{55} & 0 \\ 0 & 0 & 0 & 0 & Q_{66} \end{bmatrix} \begin{bmatrix} \boldsymbol{d}_{11} \\ \boldsymbol{d}_{22} \\ \boldsymbol{d}_{12} \\ \boldsymbol{d}_{23} \\ \boldsymbol{d}_{31} \end{bmatrix} \Delta t \tag{2.2}$$

式中，Q_{ij} 定义为

$$Q_{11} = \frac{E_{11}}{1 - \nu_{12}\nu_{21}}, \quad Q_{12} = \frac{\nu_{12}E_{11}}{1 - \nu_{12}\nu_{21}}, \quad Q_{22} = \frac{E_{22}}{1 - \nu_{12}\nu_{21}},$$

$$Q_{44} = G_{12}, \quad Q_{55} = G_{23}, \quad Q_{66} = G_{31}$$

由于对称，则

$$\nu_{21} = \nu_{12}\frac{E_{22}}{E_{11}} \tag{2.3}$$

式中，ν_{ij} 为泊松比，代表材料在 i 方向有应力时在 j 方向的横向应变；E_{ij} 为弹性模量；G_{ij} 为剪切模量。

2. 气囊中气体模型

气囊内部按其边界用单元进行离散，气囊的压强—体积关系是所有单元计算结果之和，但这种方法比较耗时，特别在计算气囊的充气展开时。

一种比较节约机时的方法是采用控制体积法。这种方法由控制表面所围成的体积所定义。这里，控制表面是指气囊的织物表面，而控制体积就是内部的气体。当控制表面已知，即气囊的位置、方向和气囊单元的当前表面积已知时，则

控制体积能通过 Green 定理求得，即

$$V = \oint x \cdot n \mathrm{d}\Gamma = \sum_{i=1}^{N} x_i n_{ij} A_j \tag{2.4}$$

式中，V 为控制体积；n 为单元数目；$\mathrm{d}\Gamma$ 为包围体积的单元表面积；x_i 为每个单元 A_i 的位置坐标；n_{ij} 为第 j 个单元相对于坐标轴的单位法线的方向余弦；A_j 为第 j 个单元的表面面积。

3. 状态方程和气压公式

相应于控制体积法的气囊的气压是由状态方程决定的。应用于气囊模拟的状态方程是建立压强与气体的密度（单位体积的质量）和比内能之间的关系。即

$$p = (\gamma - 1)\rho e \tag{2.5}$$

式中，p 为气压；ρ 为密度；e 为气体比内能；γ 为比热容比。

$$\gamma = \frac{c_p}{c_V} \tag{2.6}$$

式中，c_p、c_V 为比定压热容和比定容热容；γ 又称为气体的绝热指数。

2.2.2　控制体积法基本原理

控制体积法的基本原理是将充气展开结构的内腔离散为一系列有限体积腔，各有限体积腔之间采用隔膜进行隔开，从其中一个有限体积腔流向下一个腔的气体量是隔膜面积的函数。隔膜面积随着内部压强的增大而改变，在初始的折叠状态，所有的隔膜面积都为一个非常小的值，随着展开的进行，这些隔膜的面积不断增大，直到最后充气管完全展开时，隔膜面积与充气管截面积相等。这种将结构内部空腔进行离散化的方法可以计算所有有限体积内部瞬时的气体压力，有效模拟充气展开结构各部分充气压力不均匀的现象。将这些压力作用在各控制体积腔的内壁上，可以计算出不同展开时刻结构的体积。

将式 (2.4) 右边用隔膜离散后的管壁单元面积和隔膜面积之和近似表示，即

$$\sum_{i=1}^{N} x_i n_{ij} A_j \approx A_{n-1} + A_n + \sum_{j=1}^{M} \bar{x}_j n_{ij} A_j \tag{2.7}$$

式中，A_{n-1}、A_n 分别为隔膜 O_{n-1} 和 O_n 的面积（图 2.2）；对于管壁上的每个单元 j，$\bar{x}_j$ 为 x_i 坐标上的平均值。

对于每个离散后的体积腔，它的体积增加依据该腔内净流入的气体质量流

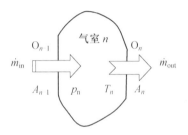

图 2.2 通过第 n 个气室的质量流量的变化

量、气体的状态以及薄膜结构边界等动态变化。因此对于腔 n，通过隔膜 O_{n-1} 和 O_n 流入和流出的气体质量流量变化率分别为

$$\dot{m}_{\text{in}} = A_{n-1}\frac{p_{\text{n}}}{R\sqrt{T_n}}Q^{\frac{1}{k}}\sqrt{2g_c\frac{kR}{k-1}(1-Q^{\frac{k-1}{k}})} \tag{2.8}$$

$$\dot{m}_{\text{out}} = A_n\frac{p_{\text{n}}}{R\sqrt{T_n}}Q^{\frac{1}{k}}\sqrt{2g_c\frac{kR}{k-1}(1-Q^{\frac{k-1}{k}})} \tag{2.9}$$

其中

$$Q = \frac{p_{\text{e}}}{p_{\text{n}}} \tag{2.10}$$

式中，p_{e} 是气室外部压强；p_{n} 是气室内部压强。

于是，在 t 时刻更新的总的气体质量为

$$m_t = m_{t-\Delta t} + (\dot{m}_{\text{in}} - \dot{m}_{\text{out}})\Delta t = m_{t-\Delta t} + \dot{m}_t\Delta t \tag{2.11}$$

式中，$\dot{m}_t$ 为 t 时刻充入气体质量流量变化率。

通过气体质量流量的变化率，在 t 时刻腔 n 的内能 E_t 可表示为

$$E_t = E_{t-\Delta t} + c_p\dot{m}_t\Delta t T_{\text{in}} \tag{2.12}$$

式中，T_{in} 是充入气体的温度，在 t 时刻腔 n 内的气体密度为

$$\rho_t = \frac{m_{t-\Delta t} + \dot{m}_t\Delta t}{V_{t-\Delta t}} \tag{2.13}$$

根据式(2.5)、(2.11)、(2.12) 和式(2.13)，得到在 t 时刻腔内压强为

$$p_t = (\gamma - 1)\rho_t\frac{E_t}{m_t} = (\gamma - 1)\frac{E_{t-\Delta t} + c_p\dot{m}_t\Delta t T_{\text{in}}}{V_{t-\Delta t}} \tag{2.14}$$

根据达朗贝尔动力学原理，在 t 时刻，充气薄膜管的运动方程为

$$\boldsymbol{M}\ddot{\boldsymbol{D}} + \boldsymbol{C}\dot{\boldsymbol{D}} + \boldsymbol{K}\boldsymbol{D} = \boldsymbol{R}^{\text{ext}} \tag{2.15}$$

式中，$\boldsymbol{M}$、$\boldsymbol{C}$、$\boldsymbol{K}$ 为根据当前构形计算的系统质量、阻尼和刚度矩阵；$\boldsymbol{R}^{\text{ext}}$ 为外载荷矢量；$\ddot{\boldsymbol{D}}$、$\dot{\boldsymbol{D}}$、$\boldsymbol{D}$ 为在 t 时刻构形的加速度、速度和位移。采用有限差分法把微分方程组（2.15）化为代数方程（2.16），并通过显式有限元方法进行求解，即

$$\left(\frac{1}{\Delta t^2}\boldsymbol{M}+\frac{1}{2\Delta t}\boldsymbol{C}\right)\boldsymbol{D}_t=\boldsymbol{P}_{t-\Delta t}-\boldsymbol{K}\boldsymbol{D}_{t-\Delta t}+\frac{1}{\Delta t^2}\boldsymbol{M}(2\,\boldsymbol{D}_{t-\Delta t}-\boldsymbol{D}_{t-2\Delta t})+\frac{1}{2\Delta t}\boldsymbol{C}\,\boldsymbol{D}_{t-2\Delta t}$$

$$(2.16)$$

2.2.3　空间充气薄膜结构的模拟

采用 LS-DYNA 软件，基于气囊模型的控制体积法对空间充气薄膜结构进行模拟的基本步骤如下。

（1）采用软件 AUTOCAD 或 HYPERMESH 建模、分腔，并划分有限元网格。

（2）采用 LS-PREPOST 对充气结构进行折叠，折叠线的位置、折叠的角度、折叠半径和折叠顺序都在输入文件中指定好，并检查节点位置以避免折叠后单元间发生相互穿透。

（3）对输出的 KEY-WORDS 中的关键字进行修改，并导入 LS-DYNA 中进行充气展开过程的仿真模拟。气囊模型选用 AIRBAG_WANG_NEFSKE_JETTING。假设气体是理想气体，充气过程是绝热过程，压强和温度在整个控制体积内是均匀分布的。对于给定的充气模型，其比定容热容和比定压热容，气体的温度、环境密度和压强，气体质量流率的加载曲线和质量加权阻尼系数都是一定的。

（4）采用膜单元模拟各向异性纤维材料和膜的褶皱现象。在纤维材料模型中采用 FABRIC，对应的关键字为 MAT_FABRIC，此种材料不能承受挤压力，设 GSE＝1，在折叠管充气展开过程中设阻尼 DAMP＝0.05，用来减少由于气体充入气囊时强大的动能引起的过大变形。气体的流出通过排气口系数和排气面积来定义。气体的质量流率由载荷曲线来定义。

（5）展开时的接触算法采用单面接触，关键字采用 CONTACT_AIRBAG_SINGLE_SURFACE，主表面可以不定义。

这样，知道了气体所占的体积，气体的内压就可以通过热力学方程计算得到，将压力反过来施加于有限元模型中，可以得到新的气囊的形状和体积。这种反映

气体模型和有限元模型的相互作用其实质是这两种模型的耦合。当气囊展开时，大量的能量被转移到周边的空气中，能量的转移减少了展开时气囊的动能。

2.3　空间薄膜充气管的展开分析

为了说明控制体积法的具体应用，以速度控制为例，下面通过具体算例对空间薄膜充气管的展开进行分析。

充气管试件的参数见表2.1。为了达到分气室充气展开的目的，模拟时，所有充气管都采用多气室进行离散，共划分为 5 个气室。气室与气室之间由假想隔膜相连，并将隔膜面积定义为压强的函数，压强越大，相互间流通气体的面积就越大。初始条件为一端固定，一端自由，充气口位于固定端。图2.3 所示为运用控制体积法计算充气管的充气展开过程。

表 2.1　充气管试件参数一览表

充气管编号	长度 /m	直径 /mm	管壁厚度 /mm	管壁弹性模量 /GPa	质量密度 /(kg·m^{-3})	泊松比
1	1.2	75	0.2	2.5	1 395	0.34
2	1.2	75	0.2	7.25	1 395	0.34
3	1.2	75	0.2	19.8	1 395	0.34
4	1.2	75	0.2	19.8	678.8	0.34

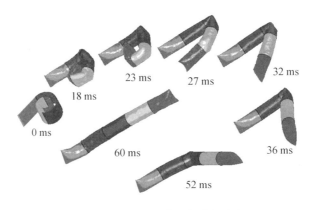

图 2.3　运用控制体积法计算充气管的充气展开过程

2.3.1　不同充气速率对充气管展开速度的影响

充气速率是影响充气管展开速度的一个非常重要的因素,结合本书第 5 章充气管的展开试验,本节首先分析试件 3(即铝箔 Mylar 膜充气管)在充气速率分别为 0.1 kg/s、0.3 kg/s 和 0.8 kg/s 时,充气管展开端的速度变化,其结果如图 2.4 所示。

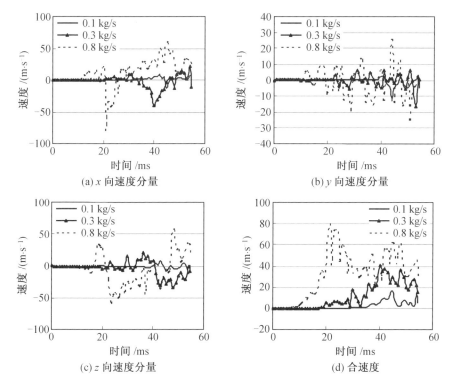

图 2.4　铝箔 Mylar 膜充气管在不同充气速率下的展开速度比较

同时为了比较不同类型的充气管材料,本节还分析了 Kapton 膜充气管(即试件 1)在不同充气速率时其展开端的速度变化,结果如图 2.5 所示。

由图 2.4、2.5 可以得出结论:无论是铝箔 Mylar 膜充气管还是 Kapton 膜充气管,充气速率越大,充气管展开的速度越大,而且铝箔 Mylar 膜充气管表现得更为明显,从后续研究可以发现,这是由于铝箔 Mylar 膜充气管的弹性模量更大的缘故。铝箔 Mylar 膜充气管的数值模拟结果与试验结果的比较将在第 5 章讨论。

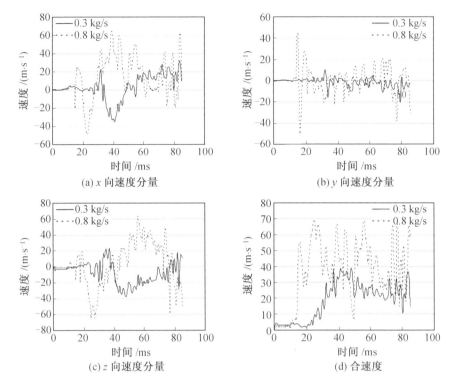

(a) x 向速度分量

(b) y 向速度分量

(c) z 向速度分量

(d) 合速度

图 2.5　Kapton 膜充气管在不同充气速率下的速度比较

2.3.2　不同材料参数对充气管展开速度的影响

材料的基本特性通常包括弹性模量、泊松比和质量密度。弹性模量和质量密度发生改变,则材料特性也发生改变。研究材料特性对充气管展开速度的影响,其主要目的是针对不同的充气速度选用不同的材料,可通过在不修改指定模型展开形态的基础上只修改模型的材料参数来实现。

1. 弹性模量对充气管展开速度的影响

首先研究材料的弹性模量对充气管展开速度的影响。如图 2.6 所示为其他条件相同,分别以 0.3 kg/s 和 0.8 kg/s 速率充气时,不同弹性模量材料的充气管展开端的速度比较。

从图 2.6 中可以看出,随着弹性模量的增加,充气管展开端的速度有所减小,特别是在高充气速率的情况下表现得更为明显。

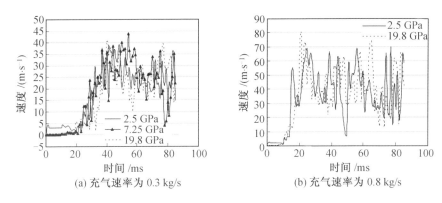

(a) 充气速率为 0.3 kg/s　　　　　(b) 充气速率为 0.8 kg/s

图 2.6　弹性模量对充气管展开速度的影响

2. 质量密度对充气管展开速度的影响

其次研究材料的质量密度对充气管展开速度的影响,选用表 2.1 中两种不同质量密度的试件,即试件 3 和试件 4,在其他条件相同的情况下,比较充气管展开端的速度变化(图 2.7)。

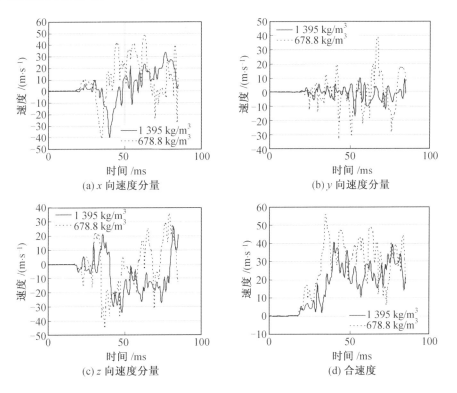

(a) x 向速度分量　　　　　(b) y 向速度分量

(c) z 向速度分量　　　　　(d) 合速度

图 2.7　不同质量密度对充气管展开速度的影响

由图 2.7 可以看出，x、y、z 三个方向的速度分量及合速度均随质量密度的增大而减小，且变化非常明显。因此，单从材料的质量密度来考虑，可以选择高密度的材料来降低充气管的展开速度。

2.3.3 充入气体温度的影响

本节研究充入气体温度对充气管展开端速度的影响，充入气体温度分别为 120 K、320 K 和 520 K，充气管（试件 3）展开端速度随时间的变化，如图 2.8 所示。可以看出，充气气体温度为 120 K 时，充气管展开速度明显低于其他充气气体温度时的速度。

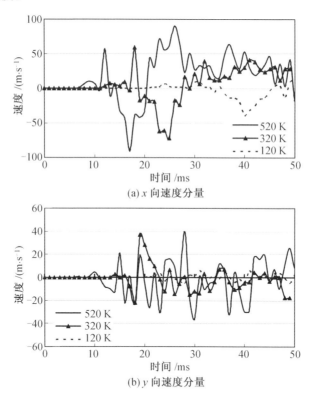

图 2.8　不同充气温度对充气管展开速度的影响

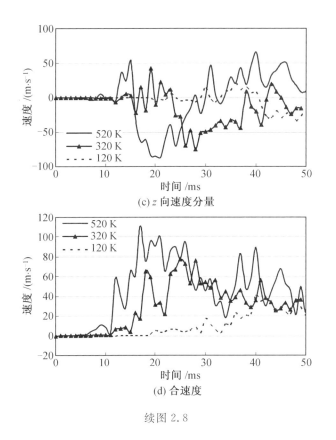

(c) z 向速度分量

(d) 合速度

续图 2.8

2.3.4　排气面积的影响

一般来说,在气囊模型中,气体的排出是通过在 KEY-WORDS 文件中设置排气系数和排气面积来实现的。因此,为了研究排气面积对充气管速度的影响,对试件 3 考虑 3 种情况:不设置排气面积;排气面积为 310 mm²;排气面积为 620 mm²。并且假设 3 种情况的排气系数都为 0.7。3 种情况下充气管展开端的速度变化如图 2.9 所示。由图 2.9 可以看出,虽然 x 向和 y 向速度分量变化不是很明显,但是从 z 向速度分量和合速度来看,不设置排气面积时,速度最大,排气面积越大,则充气管展开速度越小,而且振荡明显降低。

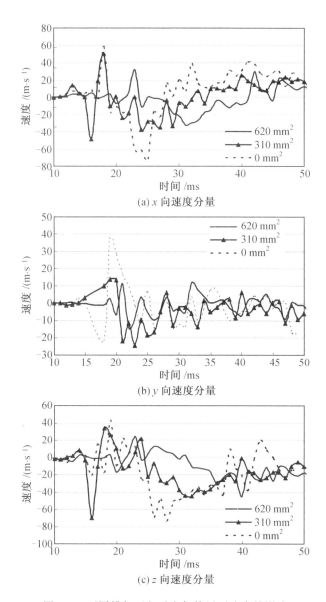

(a) x 向速度分量

(b) y 向速度分量

(c) z 向速度分量

图 2.9　不同排气面积对充气管展开速度的影响

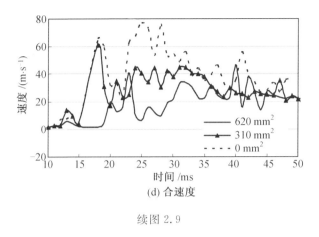

续图 2.9

2.4　本章小结

本章首先对充气薄膜结构的展开过程进行了分析,为达到降低展开速度的目的,从材料和模型的角度对充气管的展开速度进行了详细分析,并为工程实际提出了一些具体建议,详细内容如下。

(1)充气管的展开速度一直以来是一个很难控制的动力参数,本章采用控制体积法分析了工程设计及空间环境中影响充气管展开速度的一些因素,其中最主要的是充气速率的影响,研究发现充气速率越大,充气管展开的速度越大。因此,降低充气速率可以有效地控制充气管展开端的速度,从而延长充气管展开的时间。

(2)薄膜材料的参数对充气管展开的速度也有一定的影响,弹性模量和质量密度都能影响充气管的展开速度。相比而言,质量密度对充气管的展开速度影响更大,实际工程中在其他条件不能改变的情况下,为了降低充气管的速度,可以考虑采用高弹性模量和高质量密度的材料。

(3)另外,充气温度和排气面积大小对充气管的展开速度也有很大的影响:温度越低,排气面积越大,则充气管的展开速度越小。

(4)尽管基于气囊模型的控制体积法在模拟过程中存在展开速度太快的问题,但在实际工程中,可以通过采取一些有效的措施来进行控制。

(5)为了提高充气管展开的稳定性和可靠性,还可以对充气管进行控制展开,这就涉及充气管在附加位移边界或力边界条件下的充气展开动力学问题。比如可以考虑在充气管的管壁上加一些辅助的控制措施,不仅能降低充气端的展开速度,而且能保证展开的有序性。关于充气管的控制展开,是需要今后进一步研究的内容。

第 3 章

基于弹簧－质点系统方法的空间薄膜结构的展开分析

3.1 概　　述

空间薄膜结构由于质量轻、包装体积小、成本低和展开可靠性高等优点越来越受到重视，成为目前研究的焦点。一些空间任务也已考虑使用这种轻型的薄膜结构，如充气支撑管、太阳能防护罩、太阳能集中器、ITSAT 计划的太阳帆板、太阳帆和 FLAPS 天线等。由于展开研究的复杂性和难于预测，目前都采用有限元方法来研究充气结构在空间环境下的展开过程。Haug 等采用汽车气囊模型，使用显式非线性有限元软件 PAM-CRASH 对 SAT2 天线支撑环和反射面进行了充气展开模拟。Wang 等采用 LS-DYNA 有限元动力学软件计算了 Z 形折叠和卷曲式折叠两种充气管内的气压和体积随时间的变化。Salama 等采用通用非线性、大变形的有限元软件 LS-DYNA 对充气管的展开过程进行了模拟。刘晓峰采用多体动力学模型计算了 Z 形折叠管的展开动力学特性。Lienard 等采用 MSC-Dytran 有限元程序对卷曲式折叠管进行了展开动力学分析。Fang 等采用气体动力学和多刚体运动学对卷曲折叠管进行了展开动力学研究。研究发现这种方法的主要缺点是充气速度太快,不能真实地模拟充气结构的展开。

本章采用基于能量函数的弹簧－质点系统方法,并针对充气结构的特点,做了以下改进:将薄膜材料的特性引入模型之中,考虑充气以及折叠处展开弯矩的影响。该方法具有建模简单、计算效率高、数值稳定性好等优点。

3.2　弹簧－质点系统(SMS)方法简介

3.2.1　基本理论

弹簧－质点系统(SMS)将结构表面划分为多个三角形单元,并假定三角形单元的 3 个顶点为质点,3 条边长用弹簧代替。初始状态中弹簧长度为原长,运动过程中弹簧的长度发生改变,弹簧中存在内力。质点在弹簧内力和外载荷的作用下,最后运动到平衡状态。

质点的质量由三角形的面积确定,即

$$m_i = \frac{\rho}{2\pi} \sum_{k=1}^{s} \varphi_{i,k} \times A_k \qquad (3.1)$$

式中,ρ 为膜材面密度;A_k 为围绕质点 i 的第 k 个单元的面积;s 为围绕质点 i 的单元个数;$\varphi_{i,k}$ 为单元 k 每个顶点对应的内角。

下面推导弹簧内力,将薄膜的膜面内力等效为弹簧内力。基于材料力学,分析三角形单元的应变与 3 条边的伸长量之间的关系。三角形单元如图 3.1 所示,三角形的局部坐标系 X'、Y' 和材料主轴建立的坐标系 X、Y 在同一个平面上。

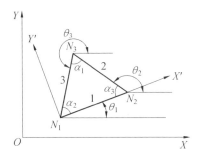

图 3.1　三角形单元

假设应变由小位移产生，根据材料力学的摩尔圆理论，三角形在沿杆元 $N_1 N_2$、$N_2 N_3$、$N_3 N_1$ 方向的应变 ε_i 有

$$\varepsilon_i = \varepsilon_x \cos^2 \theta_i + \varepsilon_y \sin^2 \theta_i + \gamma_{xy} \sin \theta_i \cos \theta_i \tag{3.2}$$

式中，ε_x 为三角形单元在 X 方向的应变；ε_y 为 Y 方向的应变；γ_{xy} 为剪切应变；$\varepsilon_i = \dfrac{\delta_i}{l_i}$，为 3 条边的伸长应变，其中 δ_i 和 l_i 分别为对应边的伸长量和原长；θ_i 为三角形单元对应边和 X 轴的夹角。

从上式解出 ε_x、ε_y、γ_{xy}，得到

$$\begin{bmatrix} \varepsilon_x \\ \varepsilon_y \\ \gamma_{xy} \end{bmatrix} = \frac{1}{|A|} \begin{bmatrix} (b_2 c_3 - b_3 c_2) l_1^{-1} & (b_3 c_1 - b_1 c_3) l_2^{-1} & (b_1 c_2 - b_2 c_1) l_3^{-1} \\ (a_3 c_2 - a_2 c_3) l_1^{-1} & (a_1 c_3 - a_3 c_1) l_2^{-1} & (a_2 c_1 - a_1 c_2) l_3^{-1} \\ (a_2 b_3 - a_3 b_2) l_1^{-1} & (a_3 b_1 - a_1 b_3) l_2^{-1} & (a_1 b_2 - a_2 b_1) l_3^{-1} \end{bmatrix} \begin{bmatrix} \delta_1 \\ \delta_2 \\ \delta_3 \end{bmatrix}$$

$$\tag{3.3}$$

式 (3.3) 记作 $\boldsymbol{\varepsilon} = \boldsymbol{B\delta}$，其中 $a_i = \cos^2 \theta_i$，$b_i = \sin^2 \theta_i$，$c_i = \sin \theta_i \cos \theta_i$，

$$A = \begin{bmatrix} a_1 & b_1 & c_1 \\ a_2 & b_2 & c_2 \\ a_3 & b_3 & c_3 \end{bmatrix} \text{。}$$

由应力应变关系有

$$\boldsymbol{\sigma} = \boldsymbol{D} \begin{Bmatrix} \varepsilon_x \\ \varepsilon_y \\ \gamma_{xy} \end{Bmatrix} = \boldsymbol{DB\delta} \tag{3.4}$$

式中，$\boldsymbol{D}$ 为反映材料属性的弹性矩阵。

可得到三角形单元中三根弹簧的内力为

$$\boldsymbol{T} = \begin{bmatrix} T_1 \\ T_2 \\ T_3 \end{bmatrix} = V \cdot \boldsymbol{B}^{\mathrm{T}} \boldsymbol{\sigma} = V \cdot \boldsymbol{B}^{\mathrm{T}} \boldsymbol{DB\delta} = \boldsymbol{K\delta} \tag{3.5}$$

式中，$\boldsymbol{\delta}$ 为弹簧的伸长量；V 为三角形单元体积。

对于充气结构来说，质点所受的外力包括两方面的作用：一是充气结构内充气气压的作用；二是充气结构折叠处充气提供的展开弯矩的作用。另外，质点还可能由于自接触而受到惩罚力作用。

3.2.2 展开弯矩

充气结构通常在折叠处截面的曲率最大，而且互相反号，如图 3.2 所示的 A 处和 B 处。因此，在 A、B 之间必定存在一个截面曲率为零的截面，假设曲率为零的截面只有一个，记为 C。展开过程中充气结构 AC 段可等效为端部曲率最大、顶部曲率为零的悬臂梁。

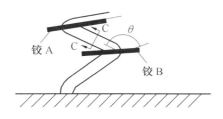

图 3.2 折叠处等效为悬臂梁

基于以上假设，推导充气结构折叠角和展开弯矩的关系，其与悬臂梁在不断增加的顶部载荷作用下弯曲相似。悬臂梁在不断增加的顶部载荷作用下弯曲，端部的弯矩和曲率最大，顶部为零，这与假设相符。充气结构展开的弯矩假设与悬臂梁弯曲的弯矩数值相等，方向相反。由欧拉－伯努利（Euler－Bernoulli）梁知，弹性悬臂梁弯曲微分方程为

$$\frac{\mathrm{d}^2 y}{\mathrm{d}x^2} = \frac{M + 2\nu pr^3 \sin\varphi}{Etr^3 \left[(\pi - \varphi) + \sin\varphi\cos\varphi\right]} \tag{3.6}$$

式中，y 为梁段位移；x 为梁单元局部坐标；M 为折叠点处的弯矩；E 为材料弹性模量；ν 为材料泊松比；t 为材料厚度；p 为充气结构中的气压；φ 为环向褶皱分布区域对应的圆心角。

折叠点处的弯矩 M 和 φ 的关系为

$$\frac{M}{pr^3} = \frac{\frac{\pi}{2}\left[(\pi - \varphi) + \sin\varphi\cos\varphi\right]}{\sin\varphi + (\pi - \varphi)\cos\varphi} -$$
$$\frac{\nu\left[(\pi - \varphi)^2 - (\pi - \varphi)\sin\varphi\cos\varphi - 2\sin^2\varphi\right]}{\sin\varphi + (\pi - \varphi)\cos\varphi} \tag{3.7}$$

将微分方程无量纲化有

$$Y = \frac{Et}{p}y(x) \tag{3.8}$$

$$T = \frac{M}{pr^3} \tag{3.9}$$

$$F(T, \varphi) = \frac{T + \dfrac{2\gamma}{\pi} \sin \varphi}{\dfrac{1}{\pi}(\pi - \varphi + \sin \varphi \cos \varphi)} \tag{3.10}$$

式中，Y 为梁端无量纲位移；T 为无量纲弯矩；F 为无量纲曲率函数。

于是式(3.8) 变为

$$Y'' = F(T, \varphi) \tag{3.11}$$

式(3.11) 有约束条件：

当 $T < (1 - 2\nu)/2$ 时，$\varphi = 0$；

当 $(1 - 2\nu)/2 < T < 1$ 时，

$$T = \frac{\dfrac{1}{2}(\pi - \varphi + \sin \varphi \cos \varphi)}{\sin \varphi + (\pi - \varphi) \cos \varphi} - \frac{\dfrac{\nu}{\pi}\left[(\pi - \varphi)^2 - (\pi - \varphi)\sin \varphi \cos \varphi - 2\sin^2 \varphi\right]}{\sin \varphi + (\pi - \varphi)\cos \varphi}$$

悬臂梁变形曲线斜率 Y' 与 T 有以下关系

$$T = 1 - e^{-3.12Y'} \tag{3.12}$$

将式(3.8) 和式(3.9) 代入式(3.12) 得

$$\frac{M}{pr^3} = 1 - \exp\left(\frac{-3.12Et}{p}Y'\right) \tag{3.13}$$

斜率 Y' 和折叠角 θ 之间有

$$\tan \frac{\theta}{2} = Y' \tag{3.14}$$

将式(3.14) 代入式(3.13) 得

$$M = pr^3\left[1 - \exp\left(\frac{-3.12Et}{p}\tan \frac{\theta}{2}\right)\right] \tag{3.15}$$

该式表达了充气结构折叠点处的驱动弯矩与充气气压、折叠角之间的关系。

3.2.3　薄膜自接触

薄膜在展开过程中，难免会发生薄膜间的碰撞，即自接触。自接触问题是展开过程模拟中的重点和难点，可通过多边形求交来判断是否发生碰撞，即测试网格的边界是否与另一个网格平面或边界相交。检测到碰撞后，根据检测结果确定发生碰撞的质点应做的运动,通过调整质点的运动速度来避免碰撞的发生。

本书采用另一种自接触处理的方法,即在弹簧－质点系统中引入惩罚力,当薄膜上某点 $A(x_A, y_A, z_A)$ 与薄膜单元 IJK 的距离小于给定值 h_j^* 时,惩罚力存在。

薄膜三角形单元的边矢量为

$$\boldsymbol{X}^{JI} = \boldsymbol{X}^J - \boldsymbol{X}^I, \boldsymbol{X}^{KI} = \boldsymbol{X}^K - \boldsymbol{X}^I, \boldsymbol{X}^{KJ} = \boldsymbol{X}^K - \boldsymbol{X}^J \qquad (3.16)$$

单元 IJK 所在平面的法线为

$$\boldsymbol{v}_3 = \boldsymbol{X}^{JI} \times \boldsymbol{X}^{KI}, \quad \boldsymbol{n} = \frac{\boldsymbol{v}_3}{\| \boldsymbol{v}_3 \|} = (x_n, y_n, z_n) \qquad (3.17)$$

式中,$\boldsymbol{n}$ 为单位法线矢量。

平面方程为

$$\boldsymbol{n} \cdot (\boldsymbol{X} - \boldsymbol{X}^i) = 0 \qquad (3.18)$$

式中,$\boldsymbol{X}$ 为平面内任意一点的位置矢量。

首先判断点 A 在平面 IJK 的哪一侧:

若 $\boldsymbol{n} \cdot (\boldsymbol{X}^A - \boldsymbol{X}^i) > 0$,则点 A 在平面 IJK 的正侧;

若 $\boldsymbol{n} \cdot (\boldsymbol{X}^A - \boldsymbol{X}^i) < 0$,则点 A 在平面 IJK 的反侧。

根据图 3.3 中所示情况,可知点 A 在平面 IJK 的反侧。

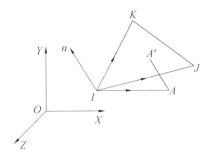

图 3.3　自接触对示意图(质点 A 和单元 IJK)

点 A 在平面上投影点 A' 的坐标 $(x_{A'}, y_{A'}, z_{A'})$,由下式得到

$$\begin{cases} \boldsymbol{n} \cdot (\boldsymbol{X} - \boldsymbol{X}^i) = 0 \\ \dfrac{x - x_A}{x_n} = \dfrac{y - y_A}{y_n} = \dfrac{z - z_A}{z_n} \end{cases} \qquad (3.19)$$

下面判断投影点 A' 是否在三角形域内:

在三角形局部坐标系内过点 A' 作一条平行于 Ox 轴的射线,如果与三角形边相交的次数为奇数,则点 A' 在三角形域内;否则点 A' 不在三角形域内。

如果投影点在三角形域内,则点 A 和单元 IJK 为一对接触对,当点 A 到面 IJK 的距离小于一定距离时,存在惩罚力。

定义作用在质点 A 上的惩罚力,当点 A 在面 IJK 的正侧时

$$\boldsymbol{F}_{\mathrm{p}} = \sum_{j=1}^{m} C_{\mathrm{p}} \left| h_j - h_j^* \right| \boldsymbol{n} \tag{3.20}$$

当点 A 在面 IJK 的反侧时

$$\boldsymbol{F}_{\mathrm{p}} = -\sum_{j=1}^{m} C_{\mathrm{p}} \left| h_j - h_j^* \right| \boldsymbol{n} \tag{3.21}$$

式中

$$C_{\mathrm{p}} = \begin{cases} 1 & (h_j \leqslant h_j^*) \\ 0 & (h_j > h_j^*) \end{cases}$$

式中,C_{p} 为惩罚系数;h_j 为点 A 到平面 IJK 的距离;h_j^* 为给定的惩罚力作用距离;$\boldsymbol{n}$ 为平面 IJK 的单位法矢量。

如果投影点不在三角形域内,则点 A 和薄膜单元 IJK 之间不存在自接触问题。

3.2.4　展开运动方程

系统中的质点在弹簧力和施加的牵引力作用下发生运动,利用动力学即可得到最终的平衡态,运动学方程为

$$\boldsymbol{M}\ddot{\boldsymbol{X}} + \boldsymbol{C}\dot{\boldsymbol{X}} + \boldsymbol{K}\boldsymbol{X} = \boldsymbol{F}_{\mathrm{I}} + \boldsymbol{F}_{\mathrm{E}} + \boldsymbol{F}_{\mathrm{P}} \tag{3.22}$$

式中,$\boldsymbol{M}$、$\boldsymbol{C}$ 和 $\boldsymbol{K}$ 分别为系统的质量矩阵、阻尼矩阵和刚度矩阵;$\boldsymbol{F}_{\mathrm{I}}$ 为系统质点惯性力;$\boldsymbol{F}_{\mathrm{E}}$ 为系统所受外力,主要包括充气气压和充气提供的展开弯矩的作用;$\boldsymbol{F}_{\mathrm{P}}$ 为作用在系统上的惩罚力;$\boldsymbol{X}$ 为系统所有质点的位置矢量;$\boldsymbol{K}\boldsymbol{X}$ 则为弹簧－质点系统的弹簧内力,即薄膜的膜面内力,可由式(3.5)求得。

在薄膜展开过程中,对系统运动采用拉格朗日运动方程描述并忽略阻尼,其运动方程为

$$\boldsymbol{M}\ddot{\boldsymbol{X}} - \boldsymbol{F} = 0 \tag{3.23}$$

式中，F 为作用在质点上的不平衡力，忽略惯性力 F_1，则

$$F = F_E + F_P - KX \qquad (3.24)$$

利用欧拉法求解动力学方程，认为从时刻 t 到时刻 $t + \Delta t$，质点运动的加速度不变，则

$$\dot{X}_i^{t+\Delta t} = \Delta t \ddot{X}_i^t, \quad X_i^{t+\Delta t} = X_i^t + \Delta t \dot{X}_i^{t+\Delta t} \qquad (3.25)$$

展开过程的初始状态为薄膜的折叠状态 S_0，在外部牵引力作用下运动到状态 S_i，由式(3.5)，由 S_i 和 S_0 得到每根弹簧的变形量和内力；判断每个质点和每个薄膜单元的自接触对，在存在自接触的质点上施加惩罚力；由式(3.24)求得作用在质点上的不平衡力，由式(3.23)、(3.25)求得展开过程的加速度、速度、位移，叠加得到状态 S_{i+1} 的展开运动方程。

3.3　空间薄膜结构展开过程的仿真分析

薄膜结构的展开过程涉及 4 种结构状态：无应力状态（折叠前）、折叠状态、展开过程状态和完全展开状态。仿真程序的目标为：已知结构的无应力状态和折叠状态，在一定的约束条件和外部驱动力作用下，求解结构展开过程的各个状态，以及完全展开后的状态。

薄膜结构展开过程的仿真分析，包括前处理、计算内核、后处理等软件模块。前处理是为了得到结构的无应力状态和折叠状态，目前主要借助通用商业软件，如 Hypermesh、LS-post 等，实现结构的建模、拓扑和简单折叠。针对特定结构编制折叠建模的子程序，不仅可以建立无应力状态和折叠状态的拓扑几何模型，而且可以计算出折叠状态的初始应力分布。

计算内核部分包括弹簧-质点系统的建立、约束条件施加、展开驱动力施加、柔性结构展开动力学分析，完全展开状态包括平面精度分析等模块。不同展开机理的结构，展开驱动力施加不同，对于充气展开结构还需进行结构内流体场分析；对于牵引展开结构，则需确定每个时刻牵引力的大小及方向。计算内核部分采用 Fortran 编程语言完成。

仿真分析流程如图 3.4 所示。

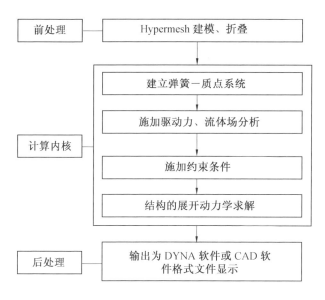

图 3.4　仿真分析流程图

　　将展开过程每个状态的坐标、位移、速度、加速度输出为.dxf文件格式,一个状态对应 CAD 中的一个图层。

3.4　SMS 方法的验证

　　本节利用直线型气浮导轨产生的微重力效果,对气浮导轨上的 1.2 m 长卷曲折叠的铝箔 Mylar 薄膜管沿轴向展开进行充气展开试验。气浮导轨是一种阻力极小的力学试验装置,它是利用气源将压缩空气打入导轨型腔内,再由导轨表面上的小孔喷出气流,这时在轨面与滑行器之间形成一层很薄的气垫(约几十μm),将滑行器浮起,当滑行器在导轨上滑动时,做近似无阻力的直线运动。卷曲折叠的充气管在充气展开之前,首先通过调节支座的螺钉将气浮导轨调节至水平,之后将充气管的两端分别通过两个转轴固定在两个同样的轻质滑行器的中间,再将两个滑行器轻放在导轨上,并将充气端的滑行器固定,连接好各充气管路以及光电测试系统。先打开气浮导轨充气的阀门,再打开气源阀门,当从导轨的气孔中喷出的空气浮起滑行器时,旋转开气体流量计控制阀,使气体保持一定的速率向浮起的薄膜充气管内充气。在气体的作用下,展开端随转盘转动的同时,并随滑行器沿导轨做直线运动。安装在展开端滑行器上宽为 10 mm 的挡光片分别通过 6 个光电门时,MUJ－5B 型计算机测速器记录下数据,从而得到充气管展开过程中经过的各个点的速度。

采用 0.1 kg/s 和 0.3 kg/s 两种不同充气速率对充气管进行充气,求出充气管展开过程中各个不同位置的速度,其结果如图 3.5 中实线所示。可以看出,这两条曲线的趋势基本相同,随着充气管的展开,展开端的速度先增加;在管子展开到约长度的 1/3 时,展开端的速度开始减小,而对于高速率充气情况,当展开到约长度的 1/2 时,展开端的速度又开始增加,甚至超过前面的峰值然后减小,呈现出明显的波动,这是由于高速率充气时,薄膜管端部由于较大的冲击力而产生剧烈的抖动。当充气速率由 0.1 kg/s 提高到 0.3 kg/s 时,完全展开时间由原来的约 15 s 缩短为约 10 s,而且同一位置的展开速度明显增加了。这些与弹簧－质点模型方法模拟的结果(图 3.5 中虚线所示)基本一致。

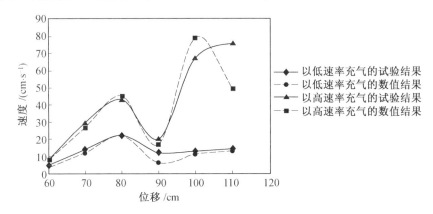

图 3.5　两种充气速率下充气管展开端速度随位移变化曲线

3.5　算例分析

3.5.1　卷曲折叠直管的展开过程

将充气直管按 3.3 节的方法进行卷曲折叠,然后充气展开,设充气直管的下端点为充气口,截面固定。分析中将充气直管分为 4 个气室,计算每个气室在不同时刻的充气气压。展开分析得到的各个展开过程状态如图 3.6 所示。从 0 s 到 1.8 s 的各个时刻，薄膜容易发生碰撞，刚体位移不是很大；从 1.8 s 以后，充气直管开始进行大幅的翻转，最后完全展开。

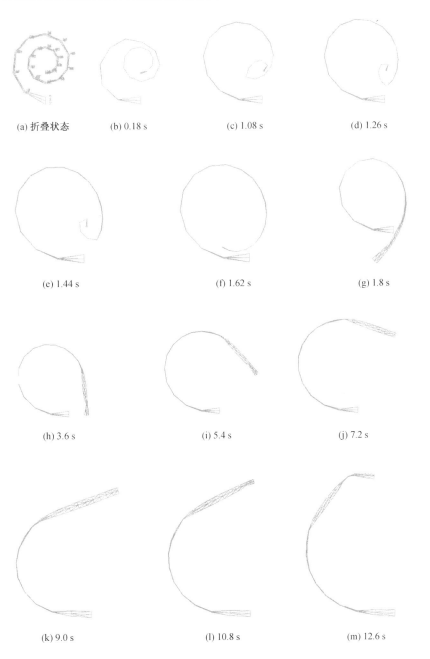

图 3.6　充气直管展开过程状态

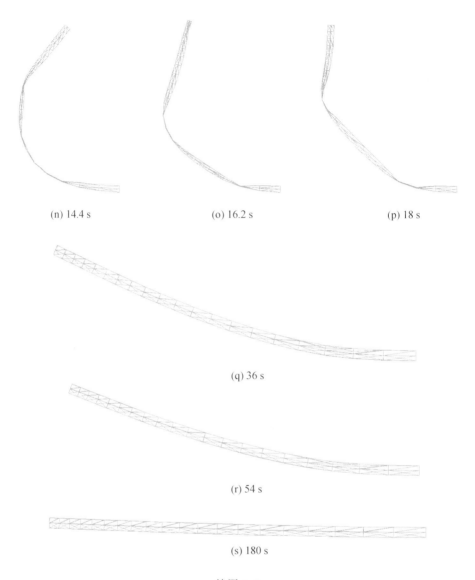

(n) 14.4 s   (o) 16.2 s   (p) 18 s

(q) 36 s

(r) 54 s

(s) 180 s

续图 3.6

　　充气直管自由端的三向展开速度与时间的关系和三向展开加速度与时间的关系如图 3.7、3.8 所示,弹簧－质点系统中的质点运动轨迹是振荡的,在展开过程的初始阶段变化幅度比较大,慢慢变缓,直到最后处于稳定状态。

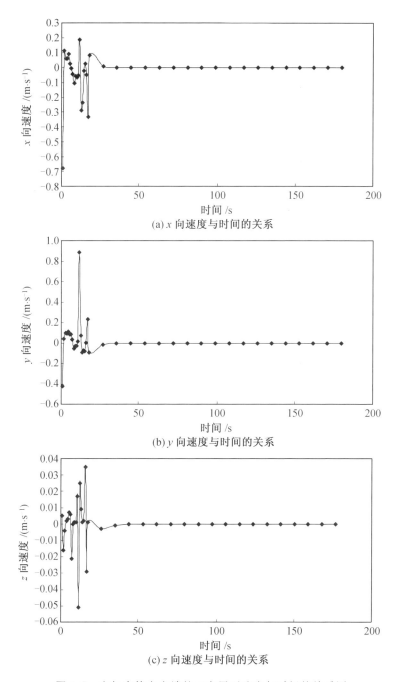

(a) x 向速度与时间的关系

(b) y 向速度与时间的关系

(c) z 向速度与时间的关系

图 3.7　充气直管自由端的三向展开速度与时间的关系图

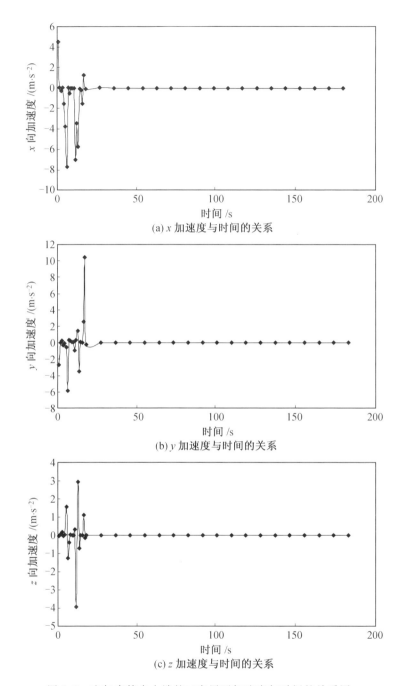

(a) x 加速度与时间的关系

(b) y 加速度与时间的关系

(c) z 加速度与时间的关系

图 3.8　充气直管自由端的三向展开加速度与时间的关系图

3.5.2　Z 形折叠充气环管的展开过程

环形充气管长度为 3.33 m,截面直径为 0.16 m,充气管采用 Z 形折叠,周边环境气压为 0.1 MPa,充气速率为 0.1 kg/s,充入气体的参数见表 3.1。其展开过程如图 3.9 所示,经计算,展开时间为 18 s。

表 3.1　充气管中充入气体的参数

定压比热	定容比热	气体常数	充气温度/K	充气压强/kPa
1.01	0.7	287	273	23.6

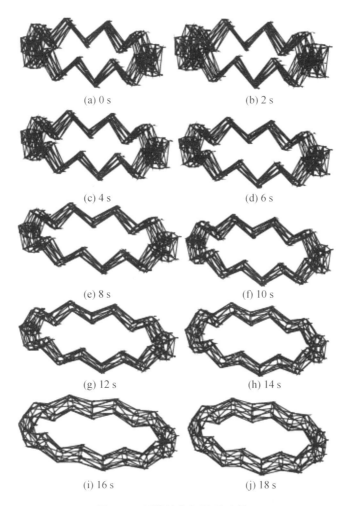

(a) 0 s　　　　　　　　(b) 2 s

(c) 4 s　　　　　　　　(d) 6 s

(e) 8 s　　　　　　　　(f) 10 s

(g) 12 s　　　　　　　　(h) 14 s

(i) 16 s　　　　　　　　(j) 18 s

图 3.9　环管的充气展开过程

3.5.3 充气膜面的展开过程

充气气体的参数见表 3.1,充气速率为 0.1 kg/s。周边环境气压为
0.1 MPa,充气膜面为直径为 4 m 的圆面。采用周边向中间收拢的折叠方式,其
充气展开过程如图 3.10 所示,展开时间为 30 s。膜面展开的速度及加速度随时
间变化关系如图 3.11 及图 3.12 所示。

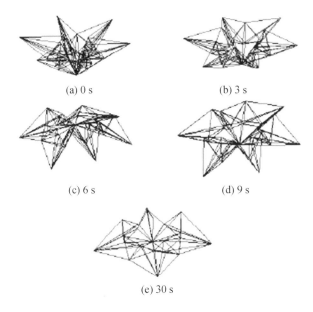

(a) 0 s   (b) 3 s

(c) 6 s   (d) 9 s

(e) 30 s

图 3.10 膜面的充气展开过程

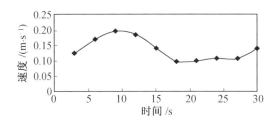

图 3.11 膜面展开速度随时间变化曲线

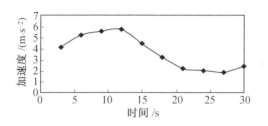

图 3.12　膜面展开加速度随时间变化曲线

3.5.4　充气天线的展开过程

徐彦采用同样方法,将直管、圆环管和反射面按 IAE 天线方案组合起来,组装成整体模型,进行了展开仿真。

反射面的口径 $D=6$ m,焦距 $f=7.5$ m,折叠率为 0.5;圆环管的中轴线半径为 3.6 m,截面半径为 6 mm,折叠角为 $\theta=60°$,折叠率为 0.5,折叠后的轴线半径为 1.8 m;单根直管长度为 8.049 8 m,截面半径为 0.06 m,按 Z 字形折叠法折叠为四折。折叠后整体模型可装在半径为 2 m、高度为 2.6 m 的圆柱体内,反射面折叠后初应变比较大。

圆环管和反射面之间通过 24 根张拉索连接。圆环管和 3 根直管之间的连接情况为,在连接处截面上所有质点的位移耦合,3 根直管轴线的下端相交于一点,固定在卫星平台上。

圆环管和反射面的材料都是 Kapton 薄膜,材料参数如下:弹性模量 $E=3.5$ GPa,泊松比 $\nu=0.35$,厚度为 0.127 mm,密度为 1 450 kg/m³;索段选择直径为 1.2 mm 的尼龙线,截面面积为 1.13×10^{-6} m²,弹性模量取 1.31×10^{11} Pa。圆环管的单元数为 288,节点数为 144;反射器的单元数为 720,节点数为 362,索的单元数为 24。单根充气直管的单元数为 48,节点数为 30。整体模型单元数为 1 152,节点数为 596。

圆环管的充气气压为 23.6 kPa,反射器内的充气气压为 1 kPa,整个模拟过程不考虑气囊内的气压随时间变化。整体结构模型的无应力状态和折叠状态如图 3.13、3.14 所示。

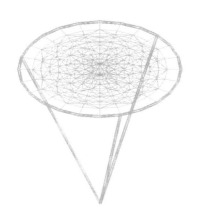 

图 3.13　整体模型无应力状态　　　　图 3.14　整体模型折叠状态

天线整体结构中 3 根直管相交的点固定在卫星平台上,在展开过程中该点固定。开始时直管和圆环管充气,直管不断展开,带动圆环管和反射器向 Z 轴正向运动;在张拉索的牵引下,反射器被拉出。圆环管最初被直管牵引成近似三角形管,然后慢慢地展开成圆环管。

利用仿真软件对本章所述的展开过程进行展开分析,得到各个展开状态,如图 3.15 所示。

由分析结果可知,60 s 时 3 根直管和圆环管的径向基本展开,但圆环管的截面方向还存在一些折痕,反射面也基本被张拉索拉开,但此时曲面薄膜还是松弛的。60 s 以后反射面开始充气展开,圆环管的截面方向继续展开;150 s 时圆环管完全展开,并保持完全展开状态,反射面继续充气展开,可以看出,反射面在充气气压的作用下,由开始的松弛状态慢慢展开为最终完全展开状态,这时张拉索将反射器的内力传递给支撑结构圆环管,也可以看出圆环管的弹性变形非常小。充气过程中圆环管与直管连接处内侧点的三向展开速度如图 3.16 所示,开始时展开速度较大,最后趋于静止。

结构总展开时间为 300 s(5 min),展开后的形面精度为 0.13 mm,圆环管外径为 7.325 2 m,内径为 7.085 5 m,直管长度为 8.042 9 m。由此可见,展开分析的效果很好,精度较高。

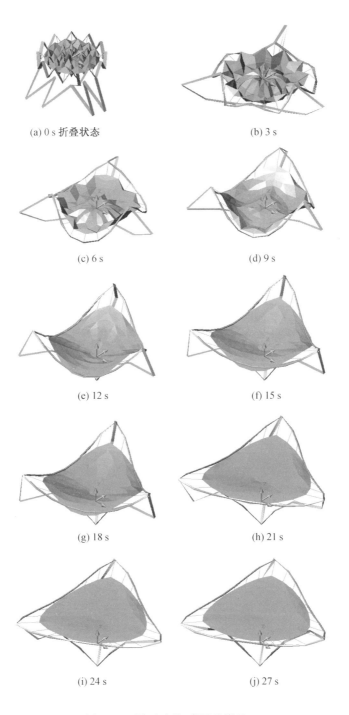

图 3.15　展开过程(彩图见附录)

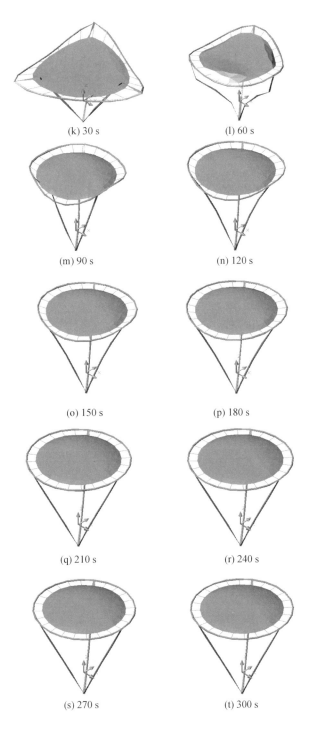

(k) 30 s   (l) 60 s

(m) 90 s   (n) 120 s

(o) 150 s   (p) 180 s

(q) 210 s   (r) 240 s

(s) 270 s   (t) 300 s

续图 3.15

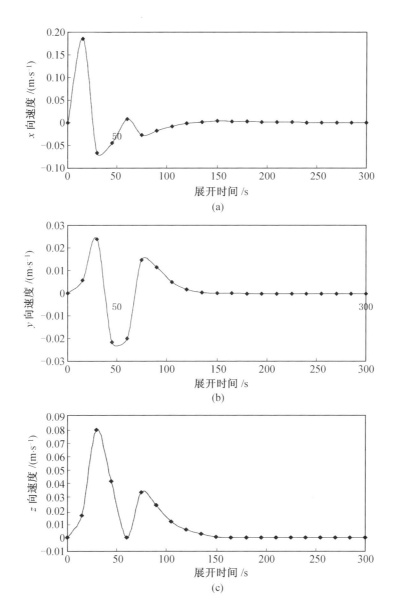

图 3.16　圆环管与直管连接点的三向展开速度

3.5.5　非充气薄膜结构的展开

关富玲课题组采用相同的方法分别对 Miure－ori 折叠、叶外折叠以及叶内折叠的非充气薄膜结构的展开也进行了仿真,同样收到不错的效果。

1. Miura-ori 折叠结构的展开

薄膜材料为聚酯薄膜 Kapton ®VN。弹性模量 $E = 2.5$ GPa,泊松比 $\nu = 0.34$,厚度为 0.127 mm。薄膜的密度为 1.42 g/cm³,单位面积的质量为 1.8 N/m²。

近似正方形平面薄膜如图 3.17 所示,尺寸单位为 mm。按 Miura-ori 法折叠,折叠状态如图 3.18 所示。

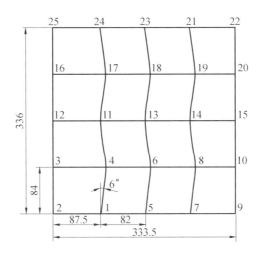

图 3.17　近似正方形平面薄膜

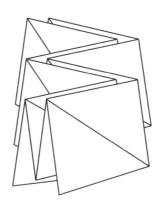

图 3.18　薄膜折叠状态

展开过程中在薄膜的 4 个角点施加牵引力,力的大小不变,恒为 100 N,力的方向随着展开状态均沿着对角线方向,用以模拟伸展臂的作用,展开过程如图 3.19所示。

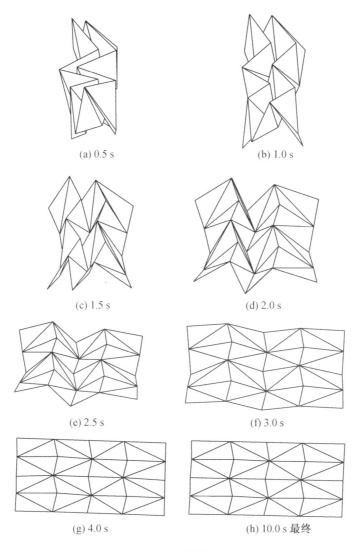

(a) 0.5 s

(b) 1.0 s

(c) 1.5 s

(d) 2.0 s

(e) 2.5 s

(f) 3.0 s

(g) 4.0 s

(h) 10.0 s 最终

图 3.19　展开过程的各个状态

由图 3.19 可知,薄膜在牵引力的作用下逐渐展开,两向的展开运动大致同步。展开过程费时 10 s,最终展开为平面,平面度为±0.43 mm。展开过程中系统的动能和应变能随时间的变化如图 3.20、3.21 所示。可以看到展开过程中系统动能变化幅度较大,最终趋于静止;系统应变能最终达到一个数值。

正方形平面薄膜中心点(编号为 13)的速度随时间的变化情况如图 3.22 所示。

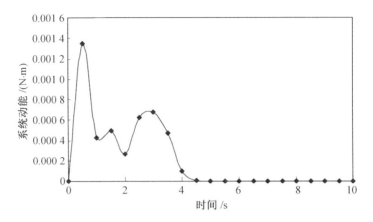

图 3.20　系统动能随时间变化情况

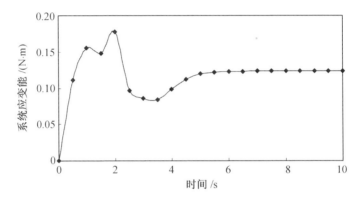

图 3.21　系统应变能随时间变化情况

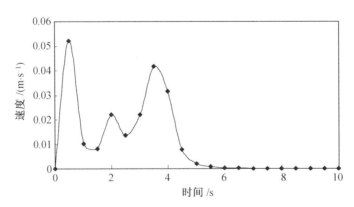

图 3.22　薄膜中心点的速度随时间变化情况

　　从展开过程的模拟结果来看,薄膜的前 2 s 展开运动容易发生自接触碰撞,并影响到前 4 s 的运动状态,使其不是很稳定,系统的应变能和动能、质点的速度随时间变化幅度比较大。由图 3.22 可以看出，6.5 s 以后的运动状态变得较为稳定，中心点的速度小于 1×10^{-5} m/s，结构基本上发生弹性变形，最终收敛于平衡状态，因此可以判断结构展开过程所需时间大约为 6.5 s。

2. 叶外折叠方式结构的展开

边长为 0.333 m 的正方形平面薄膜，展开平面状态及质点编号如图 3.23 所示，按叶外折叠方式进行折叠，折叠后的形状如图 3.24 所示，假定薄膜材料、厚度、密度同前。

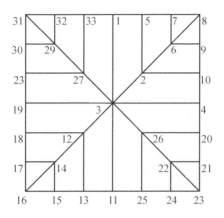

图 3.23　正方形薄膜展开平面状态

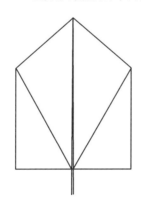

图 3.24　按叶外折叠方式结构折叠后的形状

展开过程中在薄膜的 4 个角点施加牵引力，力的大小不变，恒为 100 N，力的方向沿着对角线方向，用以模拟伸展臂的作用。展开过程如图 3.25 所示。

由图 3.25 中可知，薄膜在牵引力的作用下逐渐展开，两向的展开运动大致同步。展开过程费时 10 s,最终展开为平面,平面度为±0.272 mm。

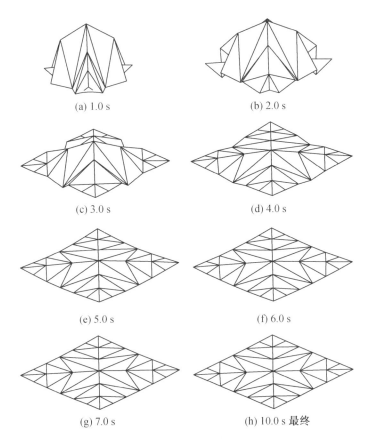

(a) 1.0 s

(b) 2.0 s

(c) 3.0 s

(d) 4.0 s

(e) 5.0 s

(f) 6.0 s

(g) 7.0 s

(h) 10.0 s 最终

图 3.25　展开过程

展开过程中系统的动能和应变能随时间的变化如图 3.26、3.27 所示。正方形平面薄膜中心点(编号为 3)的速度随时间的变化情况如图 3.28 所示。

从图 3.26、3.27 可以得出,薄膜的前 0.6 s 展开运动容易发生自接触碰撞,系统的应变能和动能、质点的速度随时间变化幅度比较大。以后的运动状态变得较为稳定,最终收敛于平衡态。

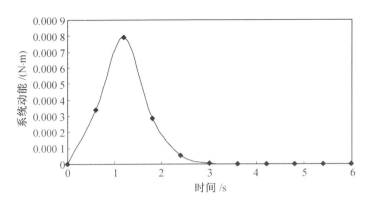

图 3.26　系统动能随时间变化情况

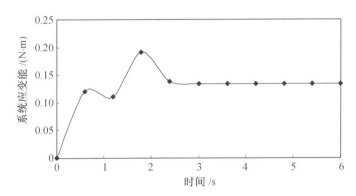

图 3.27　系统应变能随时间变化情况

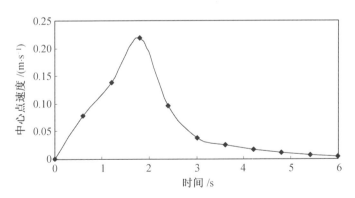

图 3.28　中心点(3 点)随时间的变化情况

3. 叶内折叠方式结构的展开

薄膜材料、厚度、密度同前,边长为 0.333 m 的正方形薄膜,展开平面状态如图 3.29 所示,按叶内折叠方式折叠后的形状如图 3.30 所示。

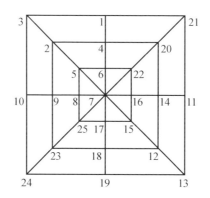

图 3.29　正方形薄膜展开平面状态

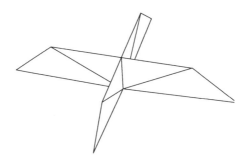

图 3.30　按叶内折叠方式结构折叠后的形状

展开过程中在薄膜的 4 个角点施加牵引力,力的大小不变,恒为 100 N,力的方向随着展开状态均沿着对角线方向,用以模拟伸展臂的作用。展开过程如图 3.31 所示。

由图 3.31 可知,薄膜在牵引力的作用下逐渐展开,两向的展开运动大致同步。展开过程费时 10 s,最终展开为平面,平面度为 ±0.386 mm。展开过程中系统的动能和应变能随时间的变化如图 3.32、3.33 所示。

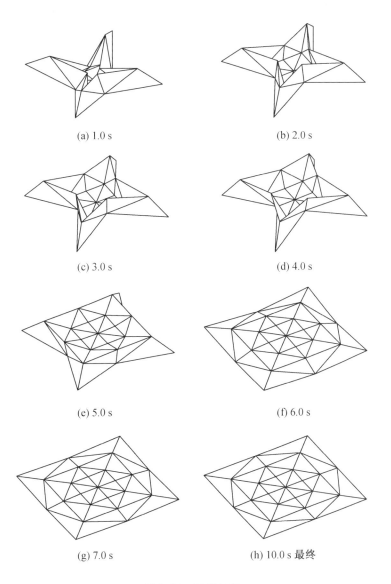

(a) 1.0 s   (b) 2.0 s

(c) 3.0 s   (d) 4.0 s

(e) 5.0 s   (f) 6.0 s

(g) 7.0 s   (h) 10.0 s 最终

图 3.31　展开过程

从展开过程的模拟结果来看,采用这种折叠方式的薄膜具有初始应变,由图 3.33 可知初始应变能为 0.869 N·m。前 4 s 展开运动容易发生自接触碰撞,系统的应变能和动能、质点的速度随时间变化幅度比较大。在第 5 s 左右,中间区域的薄膜突然发生大幅的刚体位移,这一点在系统的动能和中心质点的速度变化图上可以清楚得到。

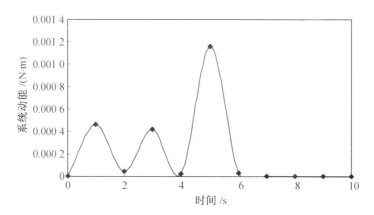

图 3.32　系统动能随展开时间变化情况

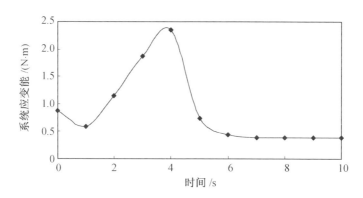

图 3.33　系统应变能随展开时间变化情况

正方形平面薄膜中心点(编号为 7)的速度随时间的变化情况如图 3.34 所示。

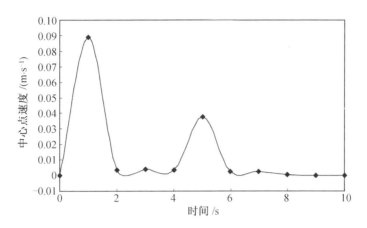

图 3.34　中心点(7 点)随时间的变化情况

3.6　本章小结

(1)本章采用弹簧－质点系统方法,对充气直管的充气展开过程进行了数值模拟,得到了不同时刻卷曲折叠管的展开构形以及充气管展开端速度随时间的变化关系;与试验结果进行了对比,验证了弹簧－质点系统方法的正确性。

(2)本章运用弹簧－质点系统方法分析了 Z 形折叠环管、反射薄面和充气天线,并对采用 Miura－ori 折叠、叶外折叠及叶内折叠的非充气薄膜结构进行展开仿真分析,分析了展开过程速度、应变能以及动能随时间的变化幅度,取得了良好的效果,表明弹簧－质点系统方法具有建模简单、计算效率高、数值稳定性好等优点。

第 4 章

基于能量－动量法的空间薄膜结构的展开分析

4.1 概　　述

一般来说,研究多体系统动力学的基本原理和方法有 3 种:第一种为牛顿－欧拉矢量力学法;第二种是基于高斯原理的具有极小值性质的极值原理法;第三种为分析力学法,如动力学普遍方程、拉格朗日方程、哈密顿原理等。在运用分析力学采用有限元方法求解拉格朗日运动方程时,由于系统的广义坐标不是相互独立的,必须满足约束方程,相应的坐标的变分也不是相互独立的,因此需要利用拉格朗日乘子,把拉格朗日乘子代入方程后再进行求解,这样计算非常烦琐。其实,拉格朗日方程是由虚功原理推导而来的,如果直接用虚功原理求解则避免了计算拉格朗日乘子的麻烦,可以不考虑非保守力,而直接将与能量有关的保守力代入,则计算就显得简单多了,能量－动量法就是这样一种直接从能量和动量角度出发进行计算的方法。

为了更好地模拟空间薄膜结构的展开,本章在 Miyazaki 提出的能量－动量法的基础上,做了几点修正:在拉格朗日方程中,提出了增量时间积分方法,加速了收敛速度,保证了数值计算的稳定;引入小刚度理论分析充气管薄膜展开过程薄膜的非线性问题,提出薄膜展开过程中褶皱和松弛的处理方法;在充气结构的分析中,提出了充气过程为非等温过程的假设,运用热力学第一定律和气体状态方程对充气过程的气体交换方程进行了推导,得到了更符合实际情况的解答;采用独立处理子气室的方法,减少了有限元分析程序中刚度矩阵的带宽。

4.2　刚体运动学

薄膜结构的运动属于柔性多体系统的运动,其弹性变形不可忽略。通常采用的方法是:不考虑部件的弹性变形对其大范围刚体运动的影响,首先由多刚体系统动力学分析得到部件的运动,然后根据惯性力系和系统的外力对部件进行弹性变形和强度分析,即将柔性多体系统动力学问题转化为多刚体系统动力学和结构动力学的叠加。因此薄膜结构的运动可以分解为刚体的运动和弹性变形,而自由刚体的一般运动可以分解为随刚体上任选基点的平动和绕基点的转动,由于刚体随基点的平动归结为质点的运动,采用牛顿定律就可以求解,而刚体绕定点的转动则采用欧拉方程求解。

4.2.1　用方向余弦矩阵描述刚体定点运动

假设一刚体 B 绕参考体 B_0 上点 O 做定点运动(如图 4.1), e 和 $e^{(0)}$ 是固连于刚体 B 和参考体 B_0 的矢量基,分别称为 B 的连体基和参考基,它们具有共同的原点 O,如图 4.1 所示。刚体 B 相对参考体 B_0 绕 O 点运动时的位置变化,可以用连体基 e 相对参考基 $e^{(0)}$ 的位置变化来描述。设在运动初始时刻 e 和 $e^{(0)}$ 重合, e 的实时位置由方向余弦矩阵 A 确定,即

$$e = A^T e^{(0)} \text{ 或 } e^{(0)} = Ae \tag{4.1}$$

现在求刚体的角速度。设 r 是刚体上的连体矢量,它在参考基 $e^{(0)}$ 和连体基 e 中的坐标列阵分别为 $r^{(0)}$ 和 r,二者之间的变换关系为

$$r^{(0)} = Ar \tag{4.2}$$

将上式对时间求导数,因为 r 为常阵,得到

$$\dot{r}^{(0)} = \dot{A}r \tag{4.3}$$

式中，$\dot{r}^{(0)}$ 表示连体矢量 r 对参考基 $e^{(0)}$ 的速度列阵。设 ω 是刚体 B 相对参考基 $e^{(0)}$ 的角速度，$\tilde{\omega}$ 是 ω 在参考基 $e^{(0)}$ 中的叉乘矩阵，称为角速度矩阵，则有

$$\dot{r}^{(0)} = \tilde{\omega}r^{(0)} \tag{4.4}$$

比较式(4.3)和式(4.4)，并利用式(4.2)，得到

$$\dot{A} = \tilde{\omega}A \tag{4.5}$$

角速度 ω 在连体基 e 中分解的角速度矩阵 $\tilde{\omega}'$ 也有类似的关系式，角速度矩阵的变换关系为

$$\tilde{\omega}' = A^{\mathrm{T}}\dot{A} \tag{4.6}$$

则式(4.5)化为

$$\dot{A} = A\tilde{\omega}' \tag{4.7}$$

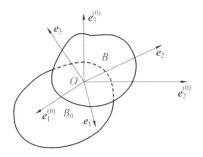

图 4.1　刚体 B 上的连体基 e 和参考基 $e^{(0)}$

4.2.2　刚体运动学的欧拉参数描述

研究刚体在惯性空间中的一般运动时，可以用它的连体基的原点（一般与质心重合）确定位置，用连体基相对惯性基的方向余弦矩阵确定方位。为了清晰地描述方位，必须规定一组转动广义坐标表示方向余弦矩阵。可以用方向余弦矩阵本身的元素作为转动广义坐标，但变量太多，还要附加6个约束方程，用欧拉角或卡尔登角作为转动坐标，因为在逆问题中存在奇点，在奇点位置附近数值计算出现困难。若用欧拉参数作为转动广义坐标，可以避免上述缺点，变量不太多，由方向余弦计算欧拉参数时也不存在奇点。

1. 欧拉参数及其等式

（1）欧拉参数。

若刚体绕定点转动的转角为有限值,则刚体的运动称为有限转动,欧拉定理揭示了刚体有限转动的基本特性。欧拉定理表述为:做定点转动的刚体从某一位置运动到另一任意位置,总可以由绕通过定点的某根轴线的一次有限转动来实现。设图 4.2 所示的矢量基 $e^{(0)}$ 和 e 分别是绕定点运动刚体的惯性参考基和连体基,在运动的初始位置这两个基重合。根据欧拉定理,连体基 e 相对参考基 $e^{(0)}$ 的实时位置可以认为是基 e 从初始位置绕某个单位矢量 u 的轴线转过一个有限角度 x 的结果。将单位矢量 u 确定的轴称为方位轴或欧拉轴,转角 x 可在垂直于 u 的平面内度量,可以用欧拉转动的参数 (u, x) 来表示由变换方程 $e^{(0)} = Ae$ 确定的方向余弦矩阵。如图 4.2 所示,刚体的连体矢量在转动前为 r',转动后为 r,它们位于以 u 为中心轴线的圆锥面上。过矢量 r' 和 r 的端点 P' 和 P 作垂直于 u 的平面,此平面与圆锥面的交线是一个圆,圆心 N 是平面与 u 轴的交点。从点 P 引 NP' 的垂线 PG,则矢量 r 可以表示为

$$r = ON + NG + GP \tag{4.8}$$

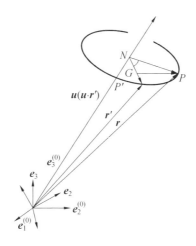

图 4.2　刚体的欧拉转动

注意到

$$ON = u(u \cdot r'), \quad NP' = r' - u(u \cdot r')$$

GP 平行于矢量 $u \times r'$,矢量 NP'、NP 和 $u \times r'$ 的模相等且在同一平面上,则式

(4.8) 可写为

$$r = u(u \cdot r') + [r' - u(u \cdot r')]\cos x + u \times r' \sin x$$
$$= r' \cos x + u(u \cdot r')(1 - \cos x) + u \times r' \sin x \tag{4.9}$$

在式 (4.9) 中代入三角函数关系

$$\cos x = 2 \cos^2 \frac{x}{2} - 1, \sin x = 2 \sin \frac{x}{2} \cos \frac{x}{2}, 1 - \cos x = 2 \sin^2 \frac{x}{2}$$

然后在惯性基 $e^{(0)}$ 中分解,得到

$$r = \left[\left(2\cos^2 \frac{x}{2} - 1 \right) E + 2uu^{\mathrm{T}} \sin^2 \frac{x}{2} + 2\tilde{u} \sin \frac{x}{2} \cos \frac{x}{2} \right] r' \tag{4.10}$$

利用欧拉转动的参数 (u, x) 定义称为欧拉参数的 4 个新的量 $(\lambda_1, \lambda_2, \lambda_3, \lambda_4)$,

$$\lambda_0 = \cos \frac{x}{2}, \quad \lambda = \begin{bmatrix} \lambda_1 & \lambda_2 & \lambda_3 \end{bmatrix}^{\mathrm{T}} = \begin{bmatrix} u_1 \sin \frac{x}{2} & u_2 \sin \frac{x}{2} & u_3 \sin \frac{x}{2} \end{bmatrix}$$
$$\tag{4.11}$$

则式 (4.10) 化为

$$r = \left[(2\lambda_0^2 - 1)E + 2(\lambda\lambda^{\mathrm{T}} + \lambda_0\tilde{\lambda}) \right] r' \tag{4.12}$$

式中,E 为 3×3 单位阵;$\tilde{\lambda}$ 为反对称矩阵,

$$\tilde{\lambda} = \begin{bmatrix} 0 & -\lambda_3 & \lambda_2 \\ \lambda_3 & 0 & -\lambda_1 \\ -\lambda_2 & \lambda_1 & 0 \end{bmatrix} \tag{4.13}$$

连体矢量 r 在参考基 $e^{(0)}$ 和连体基 e 中的坐标列阵 r 和 r' 之间的交换关系为

$$r = Ar' \tag{4.14}$$

式 (4.14) 同时也表示旋转前的矢量 r' 和旋转后的矢量 r 在同一参考基 $e^{(0)}$ 中的坐标列阵 r 和 r' 之间的交换关系。比较式 (4.12) 和式 (4.14) 得到欧拉参数表示的方向余弦矩阵为

$$A = (2\lambda_0^2 - 1)E + 2(\lambda\lambda^{\mathrm{T}} + \lambda_0\tilde{\lambda}) \tag{4.15a}$$

$$A = \begin{bmatrix} 2(\lambda_0^2 + \lambda_1^2) - 1 & 2(\lambda_1\lambda_2 - \lambda_0\lambda_3) & 2(\lambda_1\lambda_3 + \lambda_0\lambda_2) \\ 2(\lambda_1\lambda_2 + \lambda_0\lambda_3) & 2(\lambda_0^2 + \lambda_2^2) - 1 & 2(\lambda_2\lambda_3 - \lambda_0\lambda_1) \\ 2(\lambda_1\lambda_3 - \lambda_0\lambda_2) & 2(\lambda_2\lambda_3 + \lambda_0\lambda_1) & 2(\lambda_0^2 + \lambda_3^2) - 1 \end{bmatrix} \tag{4.15b}$$

将式(4.11)定义的欧拉参数表示为 4×1 列阵：

$$\boldsymbol{p} = \begin{bmatrix} \lambda_0 & \boldsymbol{\lambda}^{\mathrm{T}} \end{bmatrix}^{\mathrm{T}} = \begin{bmatrix} \lambda_0 & \lambda_1 & \lambda_2 & \lambda_3 \end{bmatrix}^{\mathrm{T}} \tag{4.16}$$

4 个欧拉参数是不独立的,因为

$$\lambda_0^2 + \boldsymbol{\lambda}^{\mathrm{T}} \boldsymbol{\lambda} = \cos^2 \frac{x}{2} + \boldsymbol{u}^{\mathrm{T}} \boldsymbol{u} \sin^2 \frac{x}{2} = 1 \tag{4.17}$$

即它们必须满足欧拉参数规范约束方程

$$\boldsymbol{p}^{\mathrm{T}} \boldsymbol{p} = \lambda_0^2 + \lambda_1^2 + \lambda_2^2 + \lambda_3^2 = 1 \tag{4.18}$$

将欧拉参数相除,引入描述刚体方位的新参数,即

$$\rho_i = \frac{\lambda_i}{\lambda_0} \quad (i = 1, 2, 3)$$

或

$$\rho_1 = u_1 \tan \frac{x}{2}, \quad \rho_2 = u_2 \tan \frac{x}{2}, \quad \rho_3 = u_3 \tan \frac{x}{2} \tag{4.19}$$

这样,描述刚体的方位只需 3 个参数,这 3 个参数称为罗德里格斯(Rodrigues)参数,由它们组成的向量 $\boldsymbol{\rho}$ 即称为罗德里格斯向量

$$\boldsymbol{\rho} = \frac{\boldsymbol{\lambda}}{\lambda_0}, \quad \boldsymbol{\rho} = \boldsymbol{u} \tan \frac{x}{2} \tag{4.20}$$

(2)欧拉参数的等式。

下面导出有关欧拉参数的等式,在后面的分析中将会用到。将欧拉参数的约束方程(4.18)对时间分别求一次和二次导数,得到欧拉参数的等式

$$\boldsymbol{p}^{\mathrm{T}} \dot{\boldsymbol{p}} = \dot{\boldsymbol{p}}^{\mathrm{T}} \boldsymbol{p} = 0 \tag{4.21}$$

$$\boldsymbol{p}^{\mathrm{T}} \ddot{\boldsymbol{p}} + \dot{\boldsymbol{p}}^{\mathrm{T}} \dot{\boldsymbol{p}} = 0 \tag{4.22}$$

2.刚体运动学的欧拉参数描述

(1)刚体的角速度和角加速度。

刚体的角速度 $\boldsymbol{\omega}$ 在连体基 $\boldsymbol{e}$ 和参考基 $\boldsymbol{e}^{(0)}$ 中的坐标列阵分别用 $\boldsymbol{\omega}'$ 和 $\boldsymbol{\omega}$ 表示,角速度矩阵分别用 $\tilde{\boldsymbol{\omega}}'$ 和 $\tilde{\boldsymbol{\omega}}$ 表示。根据式(4.5)和式(4.7),分别写出 $\tilde{\boldsymbol{\omega}}$ 和 $\tilde{\boldsymbol{\omega}}'$ 与方向余弦矩阵 $\boldsymbol{A}$ 的关系为

$$\dot{\boldsymbol{A}} = \tilde{\boldsymbol{\omega}} \boldsymbol{A} \quad \text{或} \quad \tilde{\boldsymbol{\omega}} = \dot{\boldsymbol{A}} \boldsymbol{A}^{\mathrm{T}} \tag{4.23}$$

$$\dot{\boldsymbol{A}} = \boldsymbol{A} \tilde{\boldsymbol{\omega}}' \quad \text{或} \quad \tilde{\boldsymbol{\omega}}' = \boldsymbol{A}^{\mathrm{T}} \dot{\boldsymbol{A}} \tag{4.24}$$

因此,很容易得到角速度公式为

$$\boldsymbol{\omega} = 2\boldsymbol{D}\dot{\boldsymbol{p}} = -2\dot{\boldsymbol{D}}\boldsymbol{p} \tag{4.25}$$

$$\boldsymbol{\omega}' = 2\boldsymbol{G}\dot{\boldsymbol{p}} = -2\dot{\boldsymbol{G}}\boldsymbol{p} \tag{4.26}$$

其中

$$\boldsymbol{D} = \begin{bmatrix} -\lambda_1 & \lambda_0 & -\lambda_3 & \lambda_2 \\ -\lambda_2 & \lambda_3 & \lambda_0 & -\lambda_1 \\ -\lambda_3 & -\lambda_2 & \lambda_1 & \lambda_0 \end{bmatrix}, \quad \boldsymbol{G} = \begin{bmatrix} -\lambda_1 & \lambda_0 & \lambda_3 & -\lambda_2 \\ -\lambda_2 & -\lambda_3 & \lambda_0 & \lambda_1 \\ -\lambda_3 & \lambda_2 & -\lambda_1 & \lambda_0 \end{bmatrix}$$

$$\tag{4.27}$$

表明角速度分量是欧拉参数的线性组合。

同理,可以导出角加速度的欧拉参数表达式为

$$\dot{\boldsymbol{\omega}}' = 2\boldsymbol{G}\ddot{\boldsymbol{p}} \tag{4.28}$$

$$\dot{\boldsymbol{\omega}} = 2\boldsymbol{D}\ddot{\boldsymbol{p}} \tag{4.29}$$

(2) 刚体上点的位置、速度和加速度。

如图 4.3 所示,刚体相对惯性参考基 $e^{(0)}$ 做一般运动,通常连体基 e 的原点与质心 C 重合。取连体基 e 原点的 3 个位置坐标为平动广义坐标,$r = [x \quad y \quad z]^{\mathrm{T}}$;取 4 个欧拉参数为转动广义坐标,$\boldsymbol{p} = [\lambda_0 \quad \lambda_1 \quad \lambda_2 \quad \lambda_3]^{\mathrm{T}}$。于是确定刚体位形的笛卡儿广义坐标可表示为列阵

$$\boldsymbol{x} = [\boldsymbol{r}^{\mathrm{T}} \quad \boldsymbol{p}^{\mathrm{T}}]^{\mathrm{T}} \tag{4.30}$$

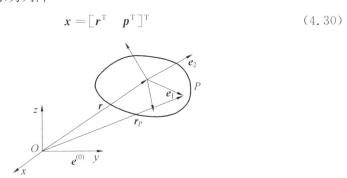

图 4.3   做一般运动的刚体

由图可见,刚体上某一点 P 的位置矢径为

$$\boldsymbol{r}_P = \boldsymbol{r} + \boldsymbol{\rho} \tag{4.31}$$

式中,$\boldsymbol{\rho}$ 是 P 点对连体基的位置矢径,它在基 $e^{(0)}$ 和 e 中的分量列阵 $\boldsymbol{\rho}$ 和 $\boldsymbol{\rho}'$ 之间有

变换关系为

$$\boldsymbol{\rho} = A\boldsymbol{\rho}' \tag{4.32}$$

P 点位置矢径公式在惯性基 $\boldsymbol{e}^{(0)}$ 中分解的坐标矩阵形式为

$$\boldsymbol{r}_P = \boldsymbol{r} + \boldsymbol{\rho} = \boldsymbol{r} + A\boldsymbol{\rho}' \tag{4.33}$$

将式(4.33)对时间求导得到 P 点的速度为

$$\dot{\boldsymbol{r}}_P = \dot{\boldsymbol{r}} - A\tilde{\boldsymbol{\rho}}'\boldsymbol{\omega}' = \dot{\boldsymbol{r}} - 2A\tilde{\boldsymbol{\rho}}'G\dot{\boldsymbol{p}} \tag{4.34}$$

$$\dot{\boldsymbol{r}}_P = \dot{\boldsymbol{r}} - \tilde{\boldsymbol{\rho}}\boldsymbol{\omega} = \dot{\boldsymbol{r}} - 2\tilde{\boldsymbol{\rho}}D\dot{\boldsymbol{p}} \tag{4.35}$$

将式(4.33)对时间求两次导数,得到 P 点的加速度为

$$\ddot{\boldsymbol{r}}_P = \ddot{\boldsymbol{r}} + A\ddot{\boldsymbol{\rho}}' \tag{4.36}$$

4.3　能量－动量法

4.3.1　保守力和非保守力

从功和能的角度可以把力分为保守力和非保守力,保守力包括万有引力、弹性力、重力和电场力等,非保守力包括摩擦力和磁场力等。

保守力和非保守力的主要区别是:保守力的功与物体运动所经过的路径无关,只与运动物体的起点和终点的位置有关。如果物体沿闭合路径绕行一周,则保守力对物体所做的功恒为零,所以在保守力作用的情况下可以定义势能。势能大小仅由保守力的大小和具有保守力作用的两物体间的相互位置决定,因此,可以定义势能 U 是两物体间距离 x 的函数,从而得到势能函数 $U(x)$。而保守力的大小为势能函数 $U(x)$ 对 x 的微商的负值。

4.3.2　拉格朗日方程与能量－动量守恒定律

1. 拉格朗日方程

(1)约束。

限制体系各质点自由运动的条件称为约束,约束的数学表达式称为约束方程。如果约束只是限制质点的几何位置,称为几何约束或完整约束,约束方程为

$$f(\boldsymbol{r}_1, \boldsymbol{r}_2, \cdots, \boldsymbol{r}_n; t) = 0 \qquad (4.37)$$

如果约束除了限制质点的位置外,还限制质点的运动速度,则称为运动约束或微分约束,约束方程为

$$f(\boldsymbol{r}_1, \boldsymbol{r}_2, \cdots, \boldsymbol{r}_n; \dot{\boldsymbol{r}}_1, \dot{\boldsymbol{r}}_2, \cdots, \dot{\boldsymbol{r}}_n; t) = 0 \qquad (4.38)$$

微分约束通过积分可变为几何约束,不能变为几何约束的微分约束称为非完整约束。

（2）理想约束。

设质点 i 受到的约束力为 $\boldsymbol{F}_{Ni}$,约束力 $\boldsymbol{F}_{Ni}$ 在虚位移 $\delta \boldsymbol{r}_i$ 过程中做的虚功为 $\delta w_i = \boldsymbol{F}_{Ni} \cdot \delta \boldsymbol{r}_i$,若整个体系的虚功 $\sum_i \boldsymbol{F}_{Ni} \cdot \delta \boldsymbol{r}_i = 0$,则体系所受的约束称为理想约束。

（3）广义坐标。

建立一个力学体系的动力学方程所需要的独立坐标称为广义坐标,广义坐标确定了,体系在空间的位形（体系的位置状态）就确定了。

广义坐标可以是坐标变量,也可以是角动量或其他独立变量,凡能用来表述体系的位形、运动和动力学状态的独立变量都可作为广义坐标。

（4）达朗贝尔方程。

设受约束的质点系中,质点 i 所受的主动力和约束力分别为 $\boldsymbol{F}_i$ 和 $\boldsymbol{F}_{Ni}$,位置矢量为 $\boldsymbol{r}_i$,由牛顿第二定律有

$$m_i \ddot{\boldsymbol{r}}_i = \boldsymbol{F}_i + \boldsymbol{F}_{Ni} \quad (i = 1, 2, \cdots, n) \qquad (4.39)$$

给质点 i 以虚位移 $\delta \boldsymbol{r}_i$,得

$$(\boldsymbol{F}_i + \boldsymbol{F}_{Ni} - m_i \ddot{\boldsymbol{r}}_i) \cdot \delta \boldsymbol{r}_i = 0 \qquad (4.40)$$

对整个质点系

$$\sum_i (\boldsymbol{F}_i + \boldsymbol{F}_{Ni} - m_i \ddot{\boldsymbol{r}}_i) \cdot \delta \boldsymbol{r}_i = 0 \qquad (4.41)$$

在理想约束条件下,有

$$\sum_i (\boldsymbol{F}_i - m_i \ddot{\boldsymbol{r}}_i) \cdot \delta \boldsymbol{r}_i = 0 \qquad (4.42)$$

式（4.42）称为达朗贝尔方程,是理想约束体系动力学普遍方程。

（5）拉格朗日方程。

消去达朗贝尔方程中的虚位移 δr_i，并用广义坐标表示的体系动力学方程即是拉格朗日方程。

设体系由 n 个质点组成，受 k 个理想完整约束，其自由度为 $s=3n-k$，即需要 s 个独立坐标即广义坐标，则

$$r_i = r_i(q_1, q_2, \cdots, q_s, t) \tag{4.43}$$

$$
\begin{aligned}
\delta r_i &= \frac{\partial r_i}{\partial q_1}\delta q_1 + \frac{\partial r_i}{\partial q_2}\delta q_2 + \cdots + \frac{\partial r_i}{\partial q_s}\delta q_s \\
&= \sum_{\alpha=1}^{s} \frac{\partial r_i}{\partial q_\alpha}\delta q_\alpha, \quad (\alpha = 1, 2, \cdots, s)
\end{aligned} \tag{4.44}
$$

将式（4.44）代入式（4.42）得

$$\sum_{i=1}^{n}(F_i - m_i\ddot{r}_i)\cdot\sum_{\alpha=1}^{s}\frac{\partial r_i}{\partial q_\alpha}\delta q_\alpha = \sum_{\alpha=1}^{s}\left[\sum_{i=1}^{n}(F_i - m_i\ddot{r}_i)\cdot\frac{\partial r_i}{\partial q_\alpha}\right]\delta q_\alpha = 0 \tag{4.45}$$

因 q_α 是独立的，所以

$$\sum_{i=1}^{n}(F_i - m_i\ddot{r}_i)\cdot\frac{\partial r_i}{\partial q_\alpha} = 0 \tag{4.46}$$

即

$$\sum_{i=1}^{n}m_i\ddot{r}_i\cdot\frac{\partial r_i}{\partial q_\alpha} - \sum_{i=1}^{n}F_i\cdot\frac{\partial r_i}{\partial q_\alpha} = 0 \tag{4.47}$$

令第二项

$$\sum_{i=1}^{n}F_i\cdot\frac{\partial r_i}{\partial q_\alpha} = Q_\alpha \tag{4.48}$$

第一项

$$\sum_{i=1}^{n}m_i\ddot{r}_i\cdot\frac{\partial r_i}{\partial q_\alpha} = \frac{\mathrm{d}}{\mathrm{d}t}\sum_{i=1}^{n}\left(m_i\dot{r}_i\cdot\frac{\partial r_i}{\partial q_\alpha}\right) - \sum_{i=1}^{n}m_i\dot{r}_i\cdot\frac{\partial \dot{r}_i}{\partial q_\alpha} \tag{4.49}$$

式中

$$\dot{r}_i = \frac{\mathrm{d}}{\mathrm{d}t}r_i(q_\alpha, t) = \sum_{\alpha=1}^{s}\frac{\partial r_i}{\partial q_\alpha}\dot{q}_\alpha + \frac{\partial r_i}{\partial t}\left(Q\frac{\partial \dot{r}_i}{\partial \dot{q}_\alpha} = \frac{\partial r_i}{\partial q_\alpha}\right) \tag{4.50}$$

体系动能

$$T = \sum_{i=1}^{n}\frac{1}{2}m_i\dot{r}_i^{\,2} = T(q_\alpha, \dot{q}_\alpha, t) \tag{4.51}$$

$$\frac{\partial T}{\partial \dot{q}_\alpha} = \sum_{i=1}^{n} \frac{\partial T}{\partial \dot{\boldsymbol{r}}_i} \cdot \frac{\partial \dot{\boldsymbol{r}}_i}{\partial \dot{q}_\alpha} = \sum_{i=1}^{n} m_i \dot{\boldsymbol{r}}_i \cdot \frac{\partial \dot{\boldsymbol{r}}_i}{\partial \dot{q}_\alpha} = \sum_{i=1}^{n} m_i \dot{\boldsymbol{r}}_i \cdot \frac{\partial \boldsymbol{r}_i}{\partial q_\alpha} \tag{4.52}$$

$$\frac{\partial T}{\partial q_\alpha} = \sum_{i=1}^{n} \frac{\partial T}{\partial \dot{\boldsymbol{r}}_i} \cdot \frac{\partial \dot{\boldsymbol{r}}_i}{\partial q_\alpha} = \sum_{i=1}^{n} m_i \dot{\boldsymbol{r}}_i \cdot \frac{\partial \dot{\boldsymbol{r}}_i}{\partial q_\alpha} \tag{4.53}$$

将式(4.52)、(4.53)代入式(4.49)中,有

$$\sum_{i=1}^{n} m_i \ddot{\boldsymbol{r}}_i \cdot \frac{\partial \boldsymbol{r}_i}{\partial q_\alpha} = \frac{\mathrm{d}}{\mathrm{d}t}\left(\frac{\partial T}{\partial \dot{q}_\alpha}\right) - \frac{\partial T}{\partial q_\alpha} \tag{4.54}$$

将式(4.49)、(4.54)代入式(4.47)中,有

$$\frac{\mathrm{d}}{\mathrm{d}t}\left(\frac{\partial T}{\partial \dot{q}_\alpha}\right) - \frac{\partial T}{\partial q_\alpha} = Q_\alpha \quad (\alpha = 1, 2, \cdots, s) \tag{4.55}$$

式(4.55)为理想完整系的拉格朗日方程。其中,$Q_\alpha = \sum_{i=1}^{n} \boldsymbol{F}_i \cdot \frac{\partial \boldsymbol{r}_i}{\partial q_\alpha}$ 为主动力的广义力,可以是力、力矩或其他力学量(不包含约束反力)。

$T = \sum_{i=1}^{n} \frac{1}{2} m_i \dot{\boldsymbol{r}}_i^2 = T(q_\alpha, \dot{q}_\alpha, t)$ 为体系相对惯性系的动能。

(6)保守体系的拉格朗日方程。

如果主动力都是保守力,则 $\boldsymbol{F} = -\nabla V$,$V$ 为势能,广义力

$$Q_\alpha = \sum_{i=1}^{n} \boldsymbol{F}_i \cdot \frac{\partial \boldsymbol{r}_i}{\partial q_\alpha} = -\sum_{i=1}^{n} \frac{\partial V}{\partial \boldsymbol{r}_i} \cdot \frac{\partial \boldsymbol{r}_i}{\partial q_\alpha} = -\frac{\partial V}{\partial q_\alpha} \tag{4.56}$$

将式(4.56)代入式(4.55)中,得

$$\frac{\mathrm{d}}{\mathrm{d}t}\left(\frac{\partial L}{\partial \dot{q}_\alpha}\right) - \frac{\partial L}{\partial q_\alpha} = 0 \tag{4.57}$$

上式为保守体系的拉格朗日方程,是一种常用的拉格朗日方程,式中,

$$L = T - V = L(q_\alpha, \dot{q}_\alpha, t) \tag{4.58}$$

为拉格朗日函数,是表征体系约束运动状态和相互作用等性质的特征函数。

2. 拉格朗日方程和守恒定律

在某些特殊条件下拉格朗日方程的第一部分积分(运动积分)很容易求得。

(1)广义动量积分。

如果拉格朗日函数 L 中不出现某一广义坐标 q_α,这时 $\frac{\partial L}{\partial q_\alpha} = 0$,则拉格朗日方程变为

$$\frac{\mathrm{d}}{\mathrm{d}t}\left(\frac{\partial L}{\partial \dot{q}_a}\right)=0 \tag{4.59}$$

于是得到运动积分

$$p_a=\frac{\partial L}{\partial \dot{q}_a}=常数 \tag{4.60}$$

式中，p_a 为广义动量，可为线动量、角动量或其他物理量。式(4.60)表明体系的广义动量守恒。若 q_a 为普通直角坐标时，p_a 为线动量；如果 q_a 为角坐标时，p_a 为角动量。

（2）广义能量积分。

如果拉格朗日函数 L 中不显含时间 t，$L=L(q_a,\dot{q}_a)$，这时 $\frac{\partial L}{\partial t}=0$，则

$$\frac{\mathrm{d}L}{\mathrm{d}t}=\sum_{a=1}^{s}\frac{\partial L}{\partial q_a}\dot{q}_a+\sum_{a=1}^{s}\frac{\partial L}{\partial \dot{q}_a}\ddot{q}_a$$

$$=\sum_{a=1}^{s}\dot{q}_a\frac{\mathrm{d}}{\mathrm{d}t}\left(\frac{\partial L}{\partial \dot{q}_a}\right)+\sum_{a=1}^{s}\frac{\partial L}{\partial \dot{q}_a}\frac{\mathrm{d}\dot{q}_a}{\mathrm{d}t}=\sum_{a=1}^{s}\frac{\mathrm{d}}{\mathrm{d}t}(p_a\dot{q}_a) \tag{4.61}$$

$$\sum_{a=1}^{s}\frac{\mathrm{d}}{\mathrm{d}t}(p_a\dot{q}_a)-\frac{\mathrm{d}L}{\mathrm{d}t}=0 \quad 或 \quad \frac{\mathrm{d}}{\mathrm{d}t}\sum_{a=1}^{s}(p_a\dot{q}_a-L)=0 \tag{4.62}$$

从而得到另一个运动积分

$$H=\sum_{a=1}^{s}p_a\dot{q}_a-L=常数 \tag{4.63}$$

体系的动能

$$T=\sum_{i=1}^{n}\frac{1}{2}m_i\dot{\boldsymbol{r}}_i\cdot\dot{\boldsymbol{r}}_i$$

$$=\sum_{i=1}^{n}\frac{1}{2}m_i\left(\sum_{a=1}^{s}\frac{\partial \boldsymbol{r}_i}{\partial q_a}\dot{q}_a+\frac{\partial \boldsymbol{r}_i}{\partial t}\right)\cdot\left(\sum_{\beta=1}^{s}\frac{\partial \boldsymbol{r}_i}{\partial q_\beta}\dot{q}_\beta+\frac{\partial \boldsymbol{r}_i}{\partial t}\right)$$

$$=\sum_{a,\beta=1}^{s}\sum_{i=1}^{n}\frac{1}{2}m_i\frac{\partial \boldsymbol{r}_i}{\partial q_a}\cdot\frac{\partial \boldsymbol{r}_i}{\partial q_\beta}\dot{q}_a\dot{q}_\beta+\sum_{a=1}^{s}\sum_{i=1}^{n}m_i\frac{\partial \boldsymbol{r}_i}{\partial q_a}\cdot\frac{\partial \boldsymbol{r}_i}{\partial t}\dot{q}_a+\sum_{i=1}^{n}\frac{1}{2}m_i\left(\frac{\partial \boldsymbol{r}_i}{\partial t}\right)^2$$

$$=T_2+T_1+T_0 \tag{4.64}$$

式中

$$T_2=\sum_{a,\beta=1}^{s}\sum_{i=1}^{n}\frac{1}{2}m_i\frac{\partial \boldsymbol{r}_i}{\partial q_a}\cdot\frac{\partial \boldsymbol{r}_i}{\partial q_\beta}\dot{q}_a\dot{q}_\beta$$

$$T_1=\sum_{a=1}^{s}\sum_{i=1}^{n}m_i\frac{\partial \boldsymbol{r}_i}{\partial q_a}\cdot\frac{\partial \boldsymbol{r}_i}{\partial t}\dot{q}_a$$

$$T_0 = \sum_{i=1}^{n} \frac{1}{2} m_i \left(\frac{\partial \boldsymbol{r}_i}{\partial t} \right)^2$$

所以

$$H = \sum_{a=1}^{s} p_a \dot{q}_a - L = \sum_{a=1}^{s} \frac{\partial T}{\partial \dot{q}_a} \dot{q}_a - (T - V)$$

$$= \sum_{a=1}^{n} \left(\frac{\partial T_2}{\partial \dot{q}_a} \dot{q}_a + \frac{\partial T_1}{\partial \dot{q}_a} \dot{q}_a + \frac{\partial T_0}{\partial \dot{q}_a} \dot{q}_a \right) - (T_2 + T_1 + T_0 - V)$$

$$= 2T_2 + T_1 - (T_2 + T_1 + T_0 - V) = T_2 - T_0 + V \qquad (4.65)$$

式中, H 为广义能量。

对于稳定约束, $\boldsymbol{r}_i = \boldsymbol{r}_i(q_a)$, $\frac{\partial \boldsymbol{r}_i}{\partial t} = 0$, $T_1 = T_0 = 0$, $T = T_2$, 则

$$H = T + V = 常数 \qquad (4.66)$$

式(4.66)表明, L 不显含时间 t 且约束是在稳定的情况下, 体系的动能与势能之和不变, 即能量守恒定律。

总结本节的内容可以得出以下结论。

① 拉格朗日方程中不出现约束反力, 因而在建立体系的方程时, 只需分析已知的主动力, 不必考虑未知的约束反力。

② 拉格朗日方程从能量的角度来描述动力学规律, 能量是整个物理学的基本物理量而且是标量, 因此拉格朗日方程为把力学规律推广到其他物理学领域开辟了可能性, 成为力学与其他物理学分支相联系的桥梁。

③ 拉格朗日方程满足能量守恒定律、动量守恒定律以及角动量(动量矩)守恒定律, 但这里的"满足"包含以下含义。

a. 能量(动能与内能之和)的时间变化率等于外力的功率。

b. 动量对时间的变化率等于作用在系统上的总外力。

c. 系统关于某点角动量(动量矩)的时间变化率等于作用在系统上外力对同一点力矩之和。

要注意的是, 这里的"满足"只是"瞬间的时间变化率成立"的意思。换言之, 拉格朗日方程的微分表达式满足 3 个守恒定律, 但增量关系并不一定满足。

由于时间积分离散的需要, 通常修改时间积分方法, 使拉格朗日方程也满足增量关系, 这样就产生了能量—动量法。也就是说能量—动量法是用增量关系

表述的满足能量守恒定律、动量守恒定律以及角动量（动量矩）守恒定律的运动学方程。下面从理论上推导拉格朗日方程与能量－动量法的关系，为了表述方便，采用矢量和张量形式。

4.3.3　拉格朗日方程与能量－动量法

通过前面的论述，同时考虑物体的平移和转动，动能以矢量形式表示为

$$T = \int_B \frac{1}{2}\rho\, \dot{\tilde{\boldsymbol{x}}}^2 \mathrm{d}B = \frac{1}{2}\int_M \boldsymbol{m}\dot{\boldsymbol{x}}^2 \mathrm{d}M + \frac{1}{2}\int_M \boldsymbol{\omega} \cdot \boldsymbol{j}\omega\, \mathrm{d}M \tag{4.67}$$

这里，第一项为平移引起的物体动能，第二项为物体相对平移坐标系的转动动能，忽略了平移与转动的耦合项。其中，$\boldsymbol{m}$、$\boldsymbol{j}$ 分别为物体的质量矩阵和惯量张量，且有

$$\boldsymbol{m} = \int_N \rho\, \mathrm{d}N, \boldsymbol{j} = \int_N \rho\,(Y^k Y^k \boldsymbol{I} - Y^i Y^j \boldsymbol{i}_i \otimes \boldsymbol{i}_j)\mathrm{d}N,\ Y^i,Y^j,Y^k \in \mathbf{N} \tag{4.68}$$

与动能相类似，动量和动量矩（角动量）也用 $\boldsymbol{m}$、$\boldsymbol{j}$ 表示为

$$\boldsymbol{P} = \int_B \rho\dot{\boldsymbol{x}}\, \mathrm{d}B = \boldsymbol{m}\dot{\boldsymbol{x}} \tag{4.69}$$

$$\boldsymbol{L} = \int_B \rho\boldsymbol{x} \times \dot{\boldsymbol{x}}\,\mathrm{d}B + \int_B \boldsymbol{R}\boldsymbol{j}\boldsymbol{\omega}\,\mathrm{d}B = \boldsymbol{m}\boldsymbol{x} \times \dot{\boldsymbol{x}} + \boldsymbol{R}\boldsymbol{j}\boldsymbol{\omega} \tag{4.70}$$

物体能量为动能与内能之和，即

$$\Pi = T + U^n \tag{4.71}$$

内力是惯性力和内能产生的保守力之和，在拉格朗日方程的情况下，有

$$\boldsymbol{f}_x = \boldsymbol{m}\frac{\mathrm{d}\dot{\boldsymbol{x}}}{\mathrm{d}t} + \left(\frac{\partial U^n}{\partial \boldsymbol{x}}\right)^{\mathrm{T}},\, \boldsymbol{f}_\theta = \frac{\mathrm{d}}{\mathrm{d}t}(\boldsymbol{R}\boldsymbol{j}\boldsymbol{\omega}) + \boldsymbol{e}_i \times \left(\frac{\partial U^n}{\partial \boldsymbol{e}_i}\right)^{\mathrm{T}} \tag{4.72}$$

且内力矢量与内部虚功 $\delta\Pi$ 有如下关系，

$$\delta\Pi = \boldsymbol{f}_x \cdot \delta\boldsymbol{x} + \boldsymbol{f}_\theta \cdot \delta\boldsymbol{\theta} \tag{4.73}$$

另外，外力虚功可以表示为节点力、节点力矩及虚位移形式，即

$$\delta W = \boldsymbol{F}_x \cdot \delta\boldsymbol{x} + \boldsymbol{F}_\theta \cdot \delta\boldsymbol{\theta} \tag{4.74}$$

式中，$\boldsymbol{F}_x$ 为节点的外力矢量；$\boldsymbol{F}_\theta$ 为节点作用的外力矩矢量；外力 $\boldsymbol{F}_x$ 及外力矩 $\boldsymbol{F}_\theta$ 可以分为非保守力和保守力，即

$$\boldsymbol{F}_x = (\boldsymbol{F}_x)^{\mathrm{nc}} - \left(\frac{\partial U^w}{\partial \boldsymbol{x}}\right)^{\mathrm{T}},\quad \boldsymbol{F}_\theta = (\boldsymbol{F}_\theta)^{\mathrm{nc}} - \boldsymbol{e}_i \times \left(\frac{\partial U^w}{\partial \boldsymbol{e}_i}\right)^{\mathrm{T}} \tag{4.75}$$

右上角 nc 表示非保守外力，U^w 表示保守力的势能。

前面讲过,如果将拉格朗日方程按时间进行离散的话,微分形式是成立的,但增量形式由于受到精度、插值方法以及时间步长的影响不一定成立,因此必须修改,修改的方法有两种。

(1)方法一:采用增量的近似,即如果两个矢量的变分或微分关系成立,则增量关系也成立。

例如,如果 $f\delta u = g\delta v$ 或 $f\mathrm{d}u = g\mathrm{d}v$ 成立,那么 $\tilde{f}\Delta u = \tilde{g}\Delta v$ 成立。

这里,$\tilde{f}$ 和 $\tilde{g}$ 是近似值,由于精确值不容易得到,可以采用近似处理,即 $\tilde{f} \approx \bar{f}$,$\tilde{g} \approx \bar{g}$,$\bar{f}$ 和 $\bar{g}$ 是平均值。显而易见,$\tilde{f}$ 和 $\tilde{g}$ 满足下式,即

$$\lim_{\Delta t \to 0}\tilde{f} = f, \lim_{\Delta t \to 0}\tilde{g} = g \tag{4.76}$$

(2)方法二:修改外力。

外力所做的功的增量形式可以用修改的外力表示为

$$\Delta W = \bar{\boldsymbol{F}}_x \cdot \Delta \boldsymbol{x} + \bar{\boldsymbol{F}}_\theta \cdot \Delta \boldsymbol{\theta} \tag{4.77}$$

运用这些规则,就得到了能量、动量,以及动量矩(角动量)定理的离散形式,即

$$\Delta \Pi = \bar{\boldsymbol{F}}_x \cdot \Delta \boldsymbol{x} + \bar{\boldsymbol{F}}_\theta \cdot \Delta \boldsymbol{\theta} \tag{4.78}$$

$$\frac{\Delta P}{\Delta t} = \bar{\boldsymbol{F}}_x \tag{4.79}$$

$$\frac{\Delta L}{\Delta t} = \bar{\boldsymbol{x}} \times \bar{\boldsymbol{F}}_x + \bar{\boldsymbol{F}}_\theta \tag{4.80}$$

下面推导能量－动量方法的时间积分方法。

第一步,外力所做功的增量为非保守力做的功和保守力势能增量之和,即

$$\Delta W = \Delta W^{nc} - \Delta U^w \tag{4.81}$$

而

$$U^w = U^w(\boldsymbol{x}, \boldsymbol{e}_i)$$

所以

$$\Delta U^w = \left(\frac{\partial U^w}{\partial \boldsymbol{x}}\right)\Delta \boldsymbol{x} + \left(\frac{\partial U^w}{\partial \boldsymbol{e}_i} \cdot \frac{\partial \boldsymbol{e}_i}{\partial \boldsymbol{\theta}}\right)\Delta \boldsymbol{\theta}$$

其中,$\frac{\partial \boldsymbol{e}_i}{\partial \boldsymbol{\theta}} = \hat{\boldsymbol{e}}_i$,所以

$$\Delta U^w = \left(\frac{\partial U^w}{\partial \boldsymbol{x}}\right) \Delta \boldsymbol{x} + \left(\hat{\boldsymbol{e}}_i \times \frac{\partial U^w}{\partial \boldsymbol{e}_i}\right)^{\mathrm{T}} \cdot \Delta \boldsymbol{\theta} \qquad (4.82)$$

而非保守力的功 ΔW^{nc} 可以通过修改非保守力得到，即

$$\Delta W^{nc} = (\widetilde{\boldsymbol{F}}_x)^{nc} \cdot \Delta \boldsymbol{x} + (\widetilde{\boldsymbol{F}}_\theta)^{nc} \cdot \Delta \boldsymbol{\theta} \qquad (4.83)$$

运用方法一，做如下变换，即

$$(\widetilde{\boldsymbol{F}}_x)^{nc} \approx (\overline{\boldsymbol{F}}_x)^{nc}, (\widetilde{\boldsymbol{F}}_\theta)^{nc} \approx (\overline{\boldsymbol{F}}_\theta)^{nc} \qquad (4.84)$$

那么式（4.75）就被修改为

$$\overline{\boldsymbol{F}}_x = (\overline{\boldsymbol{F}}_x)^{nc} - \left(\frac{\partial U^w}{\partial \boldsymbol{x}}\right)^{\mathrm{T}}, \quad \overline{\boldsymbol{F}}_\theta = (\overline{\boldsymbol{F}}_\theta)^{nc} - \overline{\boldsymbol{e}}_i \times \left(\frac{\partial U^w}{\partial \boldsymbol{e}_i}\right)^{\mathrm{T}} \qquad (4.85)$$

第二步，物体能量为动能与内能之和，即 $\Pi = T + U^n$。

仿照第一步，内能的增量可以写为

$$\Delta U^n = \left(\frac{\partial U^n}{\partial \boldsymbol{x}}\right)^{\mathrm{T}} \cdot \Delta \boldsymbol{x} + \left(\overline{\boldsymbol{e}}_i \times \frac{\partial U^n}{\partial \boldsymbol{e}_i}\right) \cdot \Delta \boldsymbol{\theta} \qquad (4.86)$$

所以，Π 的增量由式（4.67）和式（4.86）得

$$\Delta \Pi = m\Delta \dot{\boldsymbol{x}} \cdot \overline{\dot{\boldsymbol{x}}} + j[\boldsymbol{i}_i \times (\Delta \boldsymbol{\omega} \times \boldsymbol{i}_j)] \cdot \overline{\boldsymbol{\omega}} + \left(\frac{\partial U^n}{\partial \boldsymbol{x}}\right)^{\mathrm{T}} \cdot \Delta \boldsymbol{x} + \left[\overline{\boldsymbol{e}}_i \times \left(\frac{\partial U^n}{\partial \boldsymbol{e}_i}\right)\right] \cdot \Delta \boldsymbol{\theta}$$

$$(4.87)$$

同样，得到动量和动量矩的增量形式

$$\Delta P = m\Delta \dot{\boldsymbol{x}} \qquad (4.88)$$

$$\Delta L = m(\overline{\boldsymbol{x}} \times \Delta \dot{\boldsymbol{x}} + \Delta \boldsymbol{x} \times \overline{\dot{\boldsymbol{x}}}) + \Delta\{j\boldsymbol{R}[\boldsymbol{i}_i \times (\boldsymbol{\omega} \times \boldsymbol{i}_j)]\} \qquad (4.89)$$

将式（4.87）～式（4.89）代入式（4.78）～式（4.80）中，得到满足公式的条件如下

$$\Delta \boldsymbol{x} \cdot (\overline{\boldsymbol{f}}_x - \overline{\boldsymbol{F}}_x) = 0 \qquad (4.90)$$

$$\Delta \boldsymbol{\theta} \cdot (\overline{\boldsymbol{f}}_\theta - \overline{\boldsymbol{F}}_\theta) = 0 \qquad (4.91)$$

$$\overline{\dot{\boldsymbol{x}}} = \frac{\Delta \boldsymbol{x}}{\Delta t} \qquad (4.92)$$

$$\overline{\boldsymbol{\omega}} = (\overline{\boldsymbol{R}})^{\mathrm{T}} \frac{\Delta \boldsymbol{\theta}}{\Delta t} \qquad (4.93)$$

这里，

$$\bar{f}_x = m\frac{\Delta \dot{x}}{\Delta t} + \left(\frac{\partial U^n}{\partial x}\right)^{\mathrm{T}} \tag{4.94}$$

$$\bar{f}_\theta = \frac{\Delta}{\Delta t}\{j\boldsymbol{R}[\boldsymbol{i}_i \times (\boldsymbol{\omega} \times \boldsymbol{i}_j)]\} + \bar{e}_i \times \left(\frac{\partial U^n}{\partial e_i}\right)^{\mathrm{T}} \tag{4.95}$$

可以看出,式(4.90)、(4.91)就是达朗贝尔原理,式(4.92)、(4.93)就是时间积分方法。

设广义坐标为 q_i,则

$$\Delta \boldsymbol{x} = \frac{\partial \boldsymbol{x}}{\partial \boldsymbol{q}_i}\Delta \boldsymbol{q}_i, \Delta \boldsymbol{\theta} = \frac{\partial \boldsymbol{\theta}}{\partial \boldsymbol{q}_i}\Delta \boldsymbol{q}_i \tag{4.96}$$

则达朗贝尔原理为

$$\Delta \boldsymbol{q}_i\left[\left(\frac{\partial \boldsymbol{x}}{\partial \boldsymbol{q}_i}\right)^{\mathrm{T}}(\bar{f}_x - \bar{F}_x) + \left(\frac{\partial \boldsymbol{\theta}}{\partial \boldsymbol{q}_i}\right)^{\mathrm{T}}(\bar{f}_\theta - \bar{F}_\theta)\right] = 0 \tag{4.97}$$

能量－动量方程为

$$\left(\frac{\partial \boldsymbol{x}}{\partial \boldsymbol{q}_i}\right)^{\mathrm{T}}(\bar{f}_x - \bar{F}_x) + \left(\frac{\partial \boldsymbol{\theta}}{\partial \boldsymbol{q}_i}\right)^{\mathrm{T}}(\bar{f}_\theta - \bar{F}_\theta) = 0 \tag{4.98}$$

因此,能量－动量方程其实质就是拉格朗日方程。

4.4　空间薄膜结构的展开理论分析

4.4.1　薄膜的构型及运动量描述

假设物体 B 的变形用直角坐标系 (Y^0,Y^1,Y^2) 表示,其空间用 A 表示,A 分为两部分 M 和 N,各自用坐标表示,即 $A = M \times N$。与之对应,B 也分为两部分,变形部分 S 和不变形部分 T,即 $B = S \times T$。

假设膜的变形为平面应力问题,膜的构型分别处于初始状态,即无应力状态 $B^0 \subset \mathbf{R}^3$ 和当前应力状态 $B \subset \mathbf{R}^3$ 两种状态,则物体 B 内的点的位置矢量 $\boldsymbol{x} \in B$ 用 S 内的一个矢量 $\boldsymbol{x}$ 和 $\boldsymbol{T}$ 内的单位矢量 $\boldsymbol{e}_i$ 表示为

$$\boldsymbol{x} = \boldsymbol{x} + Y^i\boldsymbol{e}_i \tag{4.99}$$

包含 $\boldsymbol{e}_i \in T$ 的局部正交基底 $\boldsymbol{R}$ 在 B 内构成基底矩阵 $\boldsymbol{R} = [\boldsymbol{e}_0 \quad \boldsymbol{e}_1 \quad \boldsymbol{e}_2]$,由 $\boldsymbol{R}$ 描述的角速度矢量 $\boldsymbol{\omega}$ 和 $\boldsymbol{R}$ 的关系为

$$\dot{\boldsymbol{R}} = \boldsymbol{R} \times \boldsymbol{\omega} \tag{4.100}$$

此时的动能、动量与动量矩由公式(4.67)、式(4.69)和式(4.70)重写为

$$T = \int_B \frac{1}{2}\rho\,\dot{\tilde{\boldsymbol{x}}}^2\,\mathrm{d}B = \frac{1}{2}\int_M m\dot{\boldsymbol{x}}^2\,\mathrm{d}M + \frac{1}{2}\int_M \boldsymbol{\omega}\,\boldsymbol{\cdot}\,\boldsymbol{j}\boldsymbol{\omega}\,\mathrm{d}M \tag{4.101}$$

$$\boldsymbol{P} = \int_B \rho\,\dot{\tilde{\boldsymbol{x}}}^2\,\mathrm{d}B = \int_B \rho\dot{\boldsymbol{x}}\,\mathrm{d}B \tag{4.102}$$

$$\boldsymbol{L} = \int_B \rho\tilde{\boldsymbol{x}} \times \dot{\tilde{\boldsymbol{x}}}\,\mathrm{d}B = \int_B \rho\boldsymbol{x} \times \dot{\boldsymbol{x}}\,\mathrm{d}B + \int_B \boldsymbol{R}\boldsymbol{j}\boldsymbol{\omega}\,\mathrm{d}B \tag{4.103}$$

4.4.2　等参单元

等参单元是用节点的坐标(ξ^0, ξ^1, ξ^2)来表示空间$\tilde{A}$的坐标,与M和N对应的$\tilde{A}$的空间分别为$\tilde{M}$和$\tilde{N}$,因而空间点的$\boldsymbol{x}, \boldsymbol{e}_i, \boldsymbol{\omega}$由节点插值得到

$$\boldsymbol{x} = N_m\boldsymbol{x}^m, \dot{\boldsymbol{x}} = N_m\dot{\boldsymbol{x}}^m, \boldsymbol{e}_i = N_p\boldsymbol{e}_i^p, \boldsymbol{\omega} = N_p^p\boldsymbol{\omega} \tag{4.104}$$

式中,m为位置矢量的节点平动编号;p为节点转动编号;N_m及N_p是$\xi^i \in \tilde{M}$的形函数。

4.4.3　动能、动量、动量矩

把插值关系式(4.104)代入式(4.101)中,得到单元的动能

$$T = \frac{1}{2}M_{mn}\dot{\boldsymbol{x}}^m\,\boldsymbol{\cdot}\,\dot{\boldsymbol{x}}^n + \frac{1}{2}\boldsymbol{\omega}^p\,\boldsymbol{\cdot}\,\boldsymbol{J}_{pq}\boldsymbol{\omega}^q \tag{4.105}$$

式中

$$M_{mn} = \int_M \rho N_m N_n\,\mathrm{d}M, \boldsymbol{J}_{pq} = \int_M \boldsymbol{j}N_p N_q\,\mathrm{d}M \tag{4.106}$$

同样单元的动量和动量矩变为

$$\boldsymbol{P} = M_{mn}\dot{\boldsymbol{x}}^n, \quad \boldsymbol{L} = \boldsymbol{x}^m \times M_{mn}\dot{\boldsymbol{x}}^n + \boldsymbol{R}_p\boldsymbol{J}_{pq}\boldsymbol{\omega}^q \tag{4.107}$$

4.4.4　薄膜的褶皱与松弛分析

1.薄膜的小刚度模型

常规的膜结构褶皱模型的面内应力是通过修改基于节点位置的膜的变形来描述的。

（1）应力－应变关系。

定义应变矢量 $\boldsymbol{E}=[E_{11},E_{22},2E_{12}]^{\mathrm{T}}$ 和应力矢量 $\boldsymbol{S}=[S^{11},S^{22},S^{12}]^{\mathrm{T}}$，分别包含分量 $E_{\alpha\beta}$ 和 $S^{\alpha\beta}$。并假定应力－应变关系是线性的，即可以用弹性矩阵 $\boldsymbol{C}$ 表示为

$$\boldsymbol{S}=\boldsymbol{CE}，\quad \tilde{\boldsymbol{S}}=\boldsymbol{C}\tilde{\boldsymbol{E}} \tag{4.108}$$

注意，参数上面加一波浪线的表示修改后的值。

（2）褶皱条件。

将褶皱定义为某一方向的应力分量为零的变形状态，因此，褶皱的条件可以表示为

$$\boldsymbol{U}^1 \cdot \tilde{\boldsymbol{S}}=0，\quad \boldsymbol{U}^3 \cdot \tilde{\boldsymbol{S}}=0 \tag{4.109}$$

矢量 $\boldsymbol{U}^1$ 和 $\boldsymbol{U}^3$ 分别用褶皱的方向角 θ 来表示，且有 $\boldsymbol{U}^1=[\cos^2\theta，\sin^2\theta，\sin 2\theta]^{\mathrm{T}}$，$\boldsymbol{U}^3=[-\sin\theta\cos\theta，\sin\theta\cos\theta，\cos 2\theta]^{\mathrm{T}}$。

这里提出"小刚度模型"，即在褶皱方向上允许很小的受压应力的存在，即

$$\boldsymbol{U}^1 \cdot \tilde{\boldsymbol{S}}=\eta_1 \boldsymbol{U}^1 \cdot \boldsymbol{S}，\quad \boldsymbol{U}^3 \cdot \tilde{\boldsymbol{S}}=\eta_1 \boldsymbol{U}^3 \cdot \boldsymbol{S} \tag{4.110}$$

式中，η_1 代表褶皱方向修改的受压应力与原始受压应力之比，称为刚度减小比。通过简单的计算发现褶皱方向 θ 与常规模型的褶皱方向是相同的。

修改后的应变矢量 $\tilde{\boldsymbol{E}}$ 和应变能密度 $\tilde{\pi}$ 分别为

$$\tilde{\boldsymbol{E}}=\boldsymbol{BE} \tag{4.111}$$

式中，$\boldsymbol{B}=\boldsymbol{I}-\dfrac{1-\eta_1}{\boldsymbol{U}^1 \cdot \boldsymbol{CU}^1}\boldsymbol{U}^1 \otimes (\boldsymbol{CU}^1)$。

$$\tilde{\pi}=\frac{1}{2}\boldsymbol{E} \cdot \tilde{\boldsymbol{C}}\boldsymbol{E} \tag{4.112}$$

式中，$\tilde{\boldsymbol{C}}=\boldsymbol{B}^{\mathrm{T}}\boldsymbol{CB}=\boldsymbol{C}-\dfrac{1-\eta_1^2}{\boldsymbol{U}^1 \cdot \boldsymbol{CU}^1}(\boldsymbol{CU}^1) \otimes (\boldsymbol{CU}^1)$。

当垂直于褶皱方向再受到压力作用时，膜发生松弛。在这种情况下，再一次对参数进行修改，那么应变矢量和应变能进一步修改为

$$\tilde{\tilde{\boldsymbol{E}}}=\tilde{\tilde{\boldsymbol{B}}}\boldsymbol{E} \tag{4.113}$$

式中，$\tilde{\tilde{\boldsymbol{B}}}=\boldsymbol{I}-\dfrac{1-\eta_2}{\boldsymbol{V}^1 \cdot \tilde{\boldsymbol{C}}\boldsymbol{V}^1}\tilde{\boldsymbol{V}}^1 \otimes (\tilde{\boldsymbol{C}}\boldsymbol{V}^1)$。

$$\widetilde{\widetilde{\pi}} = \frac{1}{2} \boldsymbol{E} \cdot \widetilde{\widetilde{\boldsymbol{C}}} \boldsymbol{E} \tag{4.114}$$

式中，$\widetilde{\widetilde{\boldsymbol{C}}} = \widetilde{\boldsymbol{C}} - \dfrac{1 - \eta_2^2}{\boldsymbol{V}^1 \cdot \widetilde{\boldsymbol{C}} \boldsymbol{V}^1} (\widetilde{\boldsymbol{C}} \boldsymbol{V}^1) \bigotimes (\widetilde{\boldsymbol{C}} \boldsymbol{V}^1)$。

这里，$\boldsymbol{V}^1 = [\sin^2\theta, \cos^2\theta, -\sin 2\theta]^{\mathrm{T}}$ 代表二次褶皱的方向，η_2 是二次褶皱减小的系数。

2. 各向同性褶皱膜的小刚度模型

对于各向同性膜，其小刚度模型基于以下基本假设。

（1）褶皱发生在原始负主应力方向。

（2）一旦褶皱发生，则褶皱方向的杨氏模量或泊松比减小到一个指定的较小值（乘以比率 ε_1）。

（3）如果松弛发生，则原始最大的主应变方向的杨氏模量或泊松比再一次减小到一个指定的较小值（再乘以比率 ε_2）。

按照这些假设，薄膜发生褶皱或松弛时，其弹性矩阵分别为

$$\widetilde{\boldsymbol{\varGamma}}_w = \frac{E}{1 - \varepsilon_1 \nu^2} \begin{bmatrix} \varepsilon_1 & \varepsilon_1 \nu \\ \varepsilon_1 \nu & 1 \end{bmatrix} \tag{4.115}$$

$$\widetilde{\boldsymbol{\varGamma}}_s = \frac{E}{1 - \varepsilon_1 \varepsilon_2 \nu^2} \begin{bmatrix} \varepsilon_1 & \varepsilon_1 \varepsilon_2 \nu \\ \varepsilon_1 \varepsilon_2 \nu & \varepsilon_2 \end{bmatrix} \tag{4.116}$$

那么修改的应变能密度用主应变矢量 $\boldsymbol{\gamma} = [\gamma_1, \gamma_2]^{\mathrm{T}}$（$\gamma_1$ 是最小主应变，γ_2 是最大主应变）表示为

$$\widetilde{\pi}_w = \frac{1}{2} \boldsymbol{\gamma}^{\mathrm{T}} \widetilde{\boldsymbol{\varGamma}}_w \boldsymbol{\gamma} \tag{4.117}$$

$$\widetilde{\pi}_s = \frac{1}{2} \boldsymbol{\gamma}^{\mathrm{T}} \widetilde{\boldsymbol{\varGamma}}_s \boldsymbol{\gamma} \tag{4.118}$$

式中，E 为杨氏模量；ν 为泊松比；ε_1 和 ε_2 为折减系数。

$$\varepsilon_1 = \frac{\eta_1^2}{1 - \nu^2(1 - \eta_1^2)} \tag{4.119}$$

$$\varepsilon_2 = \frac{\eta_2^2}{1 - \eta_1^2 \nu^2(1 - \eta_2^2)} \tag{4.120}$$

由式（4.119）、（4.120）可知，ε_1 和 ε_2 为相应于主应力的刚度减小率。

3. 膜的褶皱分析

膜中面 P 点的位置矢量 r 在变形状况时,用节点位置矢量 r_i 和局部坐标(ξ_1,ξ_2) 插值得 $r=N_i(\xi_1,\xi_2)r_i$,$N_i(\xi_1,\xi_2)$ 是插值函数;类似地,非变形状况的位置矢量 $R=N_i(\xi_1,\xi_2)R_i$。

用协变基矢 $g_a=\partial r/\partial\xi_a$ 和 $G_a=\partial R/\partial\xi_a$ 分别表示变形和非变形状况,则非变形状况的逆变基矢为 G^a,用协变分量表示的 Green-Lagrange 应变矢量为

$$\boldsymbol{\varepsilon}_{\alpha\beta}^{*}=\frac{1}{2}(g_a\cdot g_\beta-G_a\cdot G_\beta) \tag{4.121}$$

同样的,得到非变形构型的二阶 Piola-Kirchhoff 应力矢量

$$\boldsymbol{\sigma}^{*mn}=C_{ijkl}(G^m\cdot e_i)(G^n\cdot e_j)\cdot(G^p\cdot e_k)(G^q\cdot e_l)\cdot\boldsymbol{\varepsilon}_{pq}^{*} \tag{4.122}$$

这里,

$$C_{ijkl}=\begin{bmatrix} \dfrac{E_x}{1-v_xv_y} & 0 & 0 & \dfrac{E_x}{1-v_xv_y}v_y \\ 0 & G_{xy} & G_{xy} & 0 \\ 0 & G_{xy} & G_{xy} & 0 \\ \dfrac{E_y}{1-v_xv_y}v_x & 0 & 0 & \dfrac{E_y}{1-v_xv_y} \end{bmatrix} \tag{4.123}$$

对单元运用虚功原理得到

$$\int\boldsymbol{\sigma}^{*mn}\delta\boldsymbol{\varepsilon}_{mn}^{*}\mathrm{d}\Omega-P_k^i\delta_k^i=0 \tag{4.124}$$

式中,Ω 为单元的面积;P_k^i 为节点力矢量。因此,满足单元的平衡方程得到

$$F_k^i=\int\boldsymbol{\sigma}^{*mn}\frac{\partial\boldsymbol{\varepsilon}_{mn}^{*}}{\partial x_k^i}\mathrm{d}\Omega-P_k^i=0 \tag{4.125}$$

最后,膜单元的刚度矩阵为

$$K_{ij}^{kl}=\int\left(\frac{\partial\boldsymbol{\sigma}^{*mn}}{\partial x_l^j}\frac{\partial\boldsymbol{\varepsilon}_{mn}^{*}}{\partial x_k^i}+\boldsymbol{\sigma}^{*mn}\frac{\partial^2\boldsymbol{\varepsilon}_{mn}^{*}}{\partial x_l^j\partial x_k^i}\right)\mathrm{d}\Omega \tag{4.126}$$

当薄膜发生褶皱时,主应力变为负,方向刚度设为零或很小的正值。这时,应变矢量和应力矢量分别为

$$\boldsymbol{\varepsilon}_{ij}=(G^m\cdot e_i)(G^n\cdot e_j)\cdot\boldsymbol{\varepsilon}_{mn}^{*} \tag{4.127}$$

$$\boldsymbol{\sigma}_{ij}=C_{ijkl}\cdot\boldsymbol{\varepsilon}_{ij} \tag{4.128}$$

则主应力 σ_a 和相应的应变 $\tilde{\varepsilon}_a$ 为

$$\sigma_0 = \frac{P - Q}{2}, \quad \sigma_1 = \frac{P + Q}{2} \tag{4.129}$$

$$P = \sigma^{00} + \sigma^{11}, Q = \sqrt{(\sigma^{00} - \sigma^{11})^2 + 4(\sigma^{01})^2} \tag{4.130}$$

$$\tilde{\varepsilon}_0 = \frac{\varepsilon_{00} + \varepsilon_{11}}{2} - \left(\frac{\varepsilon_{00} - \varepsilon_{11}}{2} \cdot \frac{\sigma^{00} - \sigma^{11}}{Q} + 2\varepsilon_{01} \cdot \frac{\sigma^{01}}{Q} \right) \tag{4.131}$$

$$\tilde{\varepsilon}_1 = \frac{\varepsilon_{00} + \varepsilon_{11}}{2} + \left(\frac{\varepsilon_{00} - \varepsilon_{11}}{2} \cdot \frac{\sigma^{00} - \sigma^{11}}{Q} + 2\varepsilon_{01} \cdot \frac{\sigma^{01}}{Q} \right) \tag{4.132}$$

根据虚功原理得

$$\int \sigma_a \delta \tilde{\varepsilon}_a \mathrm{d}\Omega - \boldsymbol{P}_k^i \delta x_k^i = 0 \tag{4.133}$$

用 σ_a 和 $\tilde{\varepsilon}_a$ 表示的膜单元的刚度矩阵为

$$\boldsymbol{K}_{kl}^{ij} = \int \left[\frac{\partial \sigma_a}{\partial x_l^j} \frac{\partial \tilde{\varepsilon}_a}{\partial x_k^i} + \sigma_a \frac{\partial^2 \tilde{\varepsilon}_a}{\partial x_l^j \partial x_k^i} \right] \mathrm{d}\Omega \tag{4.134}$$

考虑褶皱,则刚度矩阵修改为

$$\boldsymbol{K}_{kl}^{ij} = \eta_a \int \left[\frac{\partial \sigma_a}{\partial x_l^j} \frac{\partial \tilde{\varepsilon}_a}{\partial x_k^i} + \sigma_a \frac{\partial^2 \tilde{\varepsilon}_a}{\partial x_l^j \partial x_k^i} \right] \mathrm{d}\Omega \tag{4.135}$$

这里, $\begin{cases} \sigma_0 > 0, \sigma_1 > 0 \Rightarrow \eta_0 = 1, \eta_1 = 1 \\ \sigma_0 < 0, \sigma_1 > 0 \Rightarrow \eta_0 = 0, \eta_1 = 1 \\ \sigma_0 < \sigma_1 < 0 \Rightarrow \eta_0 = 0, \eta_1 = 0 \end{cases}$ 。

4. 膜的松弛分析

如果膜是各向同性且不出现松弛,则主应力 σ_a 和主应变 γ_a 的关系为

$$\sigma_a = \boldsymbol{D}_{a\beta} \gamma_a, \quad \boldsymbol{D}_{a\beta} = \frac{Eh}{1 - \nu^2} \begin{bmatrix} 1 & \nu \\ \nu & 1 \end{bmatrix} \tag{4.136}$$

这里,主应变 γ_a 用协变应变分量 $\varepsilon_{a\beta}$ 表示为

$$\gamma_{1,2} = \frac{G^{11}\varepsilon_{11} + 2G^{12}\varepsilon_{12} + G^{22}\varepsilon_{22}}{2} \pm$$

$$\frac{\sqrt{(G^{11}\varepsilon_{11} - G^{22}\varepsilon_{22})^2 + 4G^{11}G^{22}\varepsilon_{12}^2 + 4G^{12}(G^{12}\varepsilon_{11}\varepsilon_{22} + G^{11}\varepsilon_{11}\varepsilon_{12} + G^{22}\varepsilon_{22}\varepsilon_{12})}}{2}$$

其中

$$G^{11} = \frac{(\boldsymbol{G}_2)^2}{(\boldsymbol{G}_1 \times \boldsymbol{G}_2)^2}, G^{22} = \frac{(\boldsymbol{G}_1)^2}{(\boldsymbol{G}_1 \times \boldsymbol{G}_2)^2}, G^{12} = \frac{\boldsymbol{G}_1 \cdot \boldsymbol{G}_2}{(\boldsymbol{G}_1 \times \boldsymbol{G}_2)^2}$$

考虑松弛，弹性矩阵 $\boldsymbol{D}_{\alpha\beta}$ 修改为

$$\boldsymbol{D}_{\alpha\beta} = \frac{Eh}{1 - a_1 a_2 \nu^2} \begin{bmatrix} a_1 & a_1 a_2 \nu \\ a_1 a_2 \nu & a_2 \end{bmatrix} \tag{4.137}$$

如果 $\gamma_1 + \nu \gamma_2 > 0$，则 $(a_1, a_2) = (1,1)$。

如果 $\gamma_1 + \nu \gamma_2 < 0$，则 $a_1 = \hat{a}$。

$$\begin{cases} \gamma_2 + \hat{a} \nu \gamma_1 > 0，则 a_2 = 1 \\ \gamma_2 + \hat{a} \nu \gamma_1 < 0，则 a_2 = \hat{a} \end{cases}$$

这里，$\hat{a}$ 代表松弛状况的刚度，通常松弛状况 $\hat{a} = 0$，可以通过改变 $\hat{a}$ 表示不同的应力应变关系。

贮存在区域为 Ω 的膜中的应变能为

$$E = \frac{1}{2} \int_{\Omega} \sigma_{\alpha} \gamma_{\alpha} \mathrm{d}\Omega \tag{4.138}$$

单位时间内的应变能增量为

$$\Delta E = \int_{\Omega} \bar{\sigma}_{\alpha} \Delta \gamma_{\alpha} \mathrm{d}\Omega + \frac{1}{2} \int_{\Omega} \left[\gamma_{\alpha}^{(n+1)} \{ D_{\alpha\beta}^{(n+1)} - D_{\alpha\beta}^{(n)} \} \gamma_{\alpha}^{(n)} \right] \mathrm{d}\Omega \tag{4.139}$$

主应变增量 $\Delta \gamma_{\alpha}$ 可用应变分量增量 $\Delta \varepsilon_{\alpha\beta}$ 表示，而应变分量增量 $\Delta \varepsilon_{\alpha\beta}$ 又可以由节点的位置矢量表示为

$$\Delta \varepsilon_{\alpha\beta} = \frac{1}{2} \Delta \boldsymbol{r}_i^{\mathrm{T}} \left[\frac{\partial N_i}{\partial \xi_{\alpha}} \bar{\boldsymbol{g}}_{\alpha} + \frac{\partial N_i}{\partial \xi_{\beta}} \bar{\boldsymbol{g}}_{\beta} \right] \equiv \Delta \boldsymbol{q}^{\mathrm{T}} \frac{\Delta \varepsilon_{\alpha\beta}}{\Delta \boldsymbol{q}} \tag{4.140}$$

式中，$\Delta \boldsymbol{q} = \begin{bmatrix} \Delta \boldsymbol{r}_1^{\mathrm{T}} & \Delta \boldsymbol{r}_1^{\mathrm{T}} & \cdots & \Delta \boldsymbol{r}_1^{\mathrm{T}} \end{bmatrix}^{\mathrm{T}}$ 和 $\frac{\Delta \varepsilon_{\alpha\beta}}{\Delta \boldsymbol{q}}$ 都是矢量。因此，公式（4.139）右边的第一项可以写成 $\Delta \boldsymbol{q}^{\mathrm{T}} \hat{\boldsymbol{f}}_E^1$ 的形式。

式（4.139）右边的第二项表示了由于松弛引起的刚度变化，可以将它转化为 $\Delta \boldsymbol{q}^{\mathrm{T}} \hat{\boldsymbol{f}}_E^2$ 形式，其中

$$\hat{\boldsymbol{f}}_E^2 = \frac{1}{2} \left[\{ \lambda \boldsymbol{D}_{\alpha\beta}^o \Delta \gamma_{\beta} \} \frac{\Delta \gamma_{\alpha}}{\Delta \boldsymbol{q}} \right] \mathrm{d}\Omega \tag{4.141}$$

式中，$\boldsymbol{D}_{\alpha\beta}^o$ 为张紧状态的弹性矩阵。$\frac{\Delta \gamma_{\alpha}}{\Delta \boldsymbol{q}}$ 是个矢量，满足

$$\Delta \gamma_{\alpha} = \Delta \boldsymbol{q}^{\mathrm{T}} \frac{\Delta \gamma_{\alpha}}{\Delta \boldsymbol{q}} \tag{4.142}$$

$$\lambda = \frac{\gamma_{\alpha}^{(n+1)} \{ D_{\alpha\beta}^{(n+1)} - D_{\alpha\beta}^{(n)} \} \gamma_{\alpha}^{(n)}}{\Delta \gamma_{\beta} \boldsymbol{D}_{\alpha\beta}^o \Delta \gamma_{\alpha}} \tag{4.143}$$

最后,得到修改后的弹性力矢量

$$\hat{f}_E = \hat{f}_E^1 + \hat{f}_E^2 = \int_\Omega \left[\{\bar{\sigma}_\alpha + \frac{\lambda}{2} \boldsymbol{D}_{\alpha\beta}^\alpha \Delta\gamma_\beta \} \frac{\Delta\gamma_\alpha}{\Delta\boldsymbol{q}} \right] \mathrm{d}\Omega \qquad (4.144)$$

4.4.5　充气结构的展开分析

1. 气体与管的相互作用

大多数充气薄膜结构充气速度都很慢,薄膜的变形与气压的相互作用很重要,其算法如下。

(1) 已知当前时间 t 的充气管的构型和气体状态性能。

(2) 在单位时间步长 Δt_f 内,气体从一个气室进入另一个气室,在这个过程中,结构形状假设不变。

(3) 由于考虑气体的进出,重新计算每个气室的气压。

(4) 重复第(2)步气流的计算和第(3)步气压的计算 n 次,使 n 满足 $n\Delta t_f = \Delta t$,这里 Δt 是计算充气管变形的时间步长。

(5) 计算 $t + \Delta t$ 时间步的充气管的变形。在这一步中,气体停留在每个子气室内不流动,每个子气室内的静气压随着体积变化而变化,因此每个子气室的气压是不相同的。这种独立计算子气室气压的好处是可以减少有限元分析刚度矩阵的带宽,从而减少计算时间和计算机内存。

(6) 在第(5)步计算充气管的变形之后,通过将气室中所有子气室内的气体混合,重新计算每个气室的静压。

(7) 重复上述步骤,直至模拟结束。

2. 充气气体的热力学关系

用 ΔU、Q、V、p 分别表示结构的内能增量、吸热、体积和气体的压强,则由热力学第一定律得

$$\Delta U = \Delta Q + \Delta p\bar{V} \qquad (4.145)$$

式中,Δ 和上横线分别表示单位时间步长内变量的增量和当前与下一时间步的变量的平均值。

内能增量 ΔU 用比定压热容 c_p、质量 m 和温度 T 表示为

$$\Delta U = c_p \Delta(mT) \qquad (4.146)$$

由理想气体状态方程有

$$pV = mRT \qquad (4.147)$$

$$c_p = \frac{\zeta}{\zeta - 1} R \qquad (4.148)$$

式中，R 和 ζ 分别表示气体常数和比热比。

将式(4.146) ～ 式(4.148)代入式(4.145)中得

$$\zeta \Delta(pV) - (\zeta - 1)\overline{V}\Delta p - (\zeta - 1)\Delta Q = 0 \qquad (4.149)$$

式(4.149)对于气体变化的每个过程都成立。

3. 两气室之间气体的流动

按照 4.4.5 节第 1 小节中的算法，气体从 t 时间步到 $t + \Delta t$ 时间步是基于 t 时刻结构的构型计算的。假定质量为 Δm 的气体在单位时间步 Δt_f 内由气室 i 流入气室 $j(p_i > p_j)$，如图 4.4 所示，并假定在气室 i 内气体是静止的，那么下列关系成立，即

$$\frac{1}{2}\Delta m \cdot v^2 = \Delta U + \Delta m \cdot \Delta q \qquad (4.150)$$

由式(4.146)知

$$\Delta U = c_p \Delta(mT) \qquad (4.151)$$

所以

$$\frac{1}{2}\Delta m \cdot v^2 = \Delta m c_p (T_i - T_j) + \Delta m \cdot \Delta q \qquad (4.152)$$

即

$$\frac{1}{2} v^2 = c_p (T_i - T_j) + \Delta q \qquad (4.153)$$

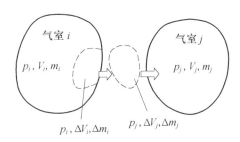

图 4.4　气室之间的气体流动

式中，v、T_i、T_j 和 Δq 分别表示时间步 t 内气体流动的速度、气室 i 和 j 的温度，以及单位质量气体吸收的热量。

气体在流出之前的体积为

$$\Delta V_i = \frac{\Delta m}{m_i} V_i \tag{4.154}$$

流出之后，体积变为

$$\Delta V_j = A v \Delta t_f \tag{4.155}$$

式中，A 代表两气室交界面的面积。

运用式(4.149)，得到 ΔV_j 的另一表达式为

$$\Delta V_j = \frac{\left[p_i - \dfrac{\zeta - 1}{2}(p_j - p_i) \right] \Delta V_i + (\zeta - 1) \Delta q}{p_j + \dfrac{\zeta - 1}{2}(p_j - p_i)} \tag{4.156}$$

联合式(4.153)～式(4.156)求解，得到当前时间步 Δm 的精确值为

$$\Delta m = \frac{m_i \left[(p_j + w) A v \Delta t_f - (\zeta - 1) \Delta q \right]}{V_i (p_i - w)} \tag{4.157}$$

式中

$$w = \frac{\zeta - 1}{2}(p_j - p_i) \tag{4.158}$$

所有相邻气室之间气体的流动计算完之后，运用式(4.149)重新计算每个气室的气压，对气室 i 有

$$p_i^* = \left(1 + \frac{\zeta \Delta V_i}{V_i - \dfrac{\zeta - 1}{2} \Delta V_i} \right) p_i + \frac{(\zeta - 1) \Delta q'}{V_i - \dfrac{\zeta - 1}{2} \Delta V_i} \tag{4.159}$$

式中，ΔV_i 表示气室 i 中气体的体积净增量；$\Delta q'$ 为整个过程中吸收的热量。

4. 薄膜结构的变形

由于充气气流很慢，在模拟中忽略了充入气体的动力影响，因此在同一个气室中的每个子气室内的压强是通过式(4.149)独立计算的。这样能节省刚度矩阵的带宽和机时，但是到 $t + \Delta t$ 时间步后每个气室的压强不再相等。

计算薄膜结构变形时，根据能量－动量法，膜总能量的增量 $\Delta \Pi$ 等于外力的功，而外力的功等于广义力矢量 $\boldsymbol{f}$ 与变形增量 $\Delta \boldsymbol{x}$ 的点积，即

$$\Delta \Pi = \Delta \boldsymbol{x} \cdot \boldsymbol{f} \tag{4.160}$$

因广义力 f 是给定的,因此能量的增量等于由于气压作用的平均外部载荷所做的功,即

$$\Delta \Pi = \sum_{k=1}^{n} \frac{p_k + p^*}{2} \Delta V_k \tag{4.161}$$

式中,p_k、ΔV_k、p^* 分别代表子气室 k 的压强、体积增量以及相应气室的压强;n 为子气室的个数。

子气室 k 内的压强和体积增量之间的关系可以通过式(4.149)得到,即

$$p_k = \left(1 - \frac{\zeta \Delta V_k}{V_k + \frac{\zeta - 1}{2} \Delta V_k}\right) p^* \tag{4.162}$$

式中,V_k 为 t 时间步时第 k 个子气室的体积。

5. 整个气室的压强计算

结构变形后,同一气室内每个子气室内的压强不相等。为了使每个气室内压强相等,运用式(4.149),得到混合后整个气室的压强为

$$p = \frac{1+\zeta}{2} \sum_{k=1}^{n} \frac{p_k V_k}{V} + \frac{1-\zeta}{2} \sum_{k=1}^{n} \frac{p_k V_k^o}{V^o} + \frac{(\zeta - 1)\Delta Q}{V} \tag{4.163}$$

式中,p 和 V 分别为整个气室的压强和体积;V^o 和 V_k^o 分别为前一时间步整个气室和 k 子气室的体积。

6. 薄膜的自接触

气体在充入之前,结构的体积是非常小的,薄膜的表面可能互相接触。为了避免薄膜的自接触,当子气室的体积小于允许的最小值时,引入罚势能。罚势能的计算公式为

$$\pi_c = \frac{1}{2} K_v (V_t - V_{\min})^2 \tag{4.164}$$

式中,K_v 为罚参数;V_t 为每个子气室的体积;$V_{\min}$ 为允许的最小体积。

4.5　空间薄膜结构展开分析的程序实现

4.5.1　程序流程图

采用 C 语言编制的空间薄膜结构分析程序的流程图如图 4.5、4.6 所示。

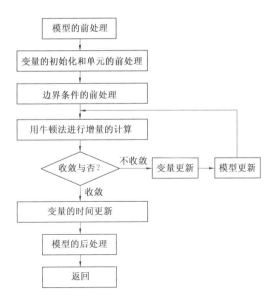

图 4.5　函数 FEM.C 的处理流程图

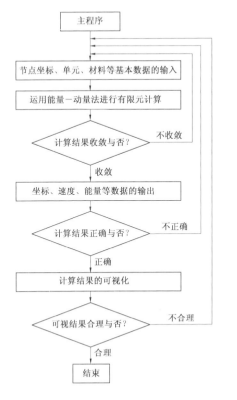

图 4.6　程序总流程图

其中,图 4.5 为核心函数 FEM.C 的处理流程,图 4.6 为程序总流程图。

4.5.2 节点类型和广义坐标

程序中节点分为以下 3 种类型(m 为节点编号)。

(1)三维位置矢量 $\boldsymbol{x}^m$(类型 0)。

(2)三维欧拉参数 $\boldsymbol{q}^m$(类型 1)。

(3)管状态量 $\boldsymbol{p}^m$(类型 2)。

广义坐标也包括 3 种类型。

类型 0:从 t_n 时间步到 t_{n+1} 时间步,三维位置坐标的一半 $\boldsymbol{u}_h^m$。

类型 1:从 t_n 时间步到 t_{n+1} 时间步,用转角增量矩阵表述的罗德里格斯矢量 $\boldsymbol{\beta}^m$ 的一半 $\boldsymbol{\alpha}^m$。

类型 2:管状态量。

这些状态变量的迭代关系如下(带下横线的是 t_n 时刻的值)。

类型 0:
$$\boldsymbol{x}^m = \underline{\boldsymbol{x}}^m + 2\boldsymbol{u}_h^m \tag{4.165}$$

类型 1:

$$c = \frac{1}{\sqrt{1 + \boldsymbol{\alpha}^{m2}}}, \widetilde{\Delta\boldsymbol{q}} = \begin{bmatrix} c \\ c\boldsymbol{\alpha}^m \end{bmatrix}, \widetilde{\boldsymbol{q}}^m = \begin{bmatrix} q_o\Delta q_o - \underline{\boldsymbol{q}} \cdot \Delta\boldsymbol{q} \\ \Delta q_o\underline{\boldsymbol{q}} + q_o\Delta\boldsymbol{q} + \underline{\boldsymbol{q}} \times \Delta\boldsymbol{q} \end{bmatrix} \tag{4.166}$$

4.5.3 程序中采用的时间积分方法和运动方程

程序中的时间积分方法,即由 t_n 时刻变为 t_{n+1} 时刻的转角,采用罗德里格斯矢量 $\boldsymbol{\beta}^p$ 进行修正,即

$$\boldsymbol{\beta}^p = (\overline{\boldsymbol{R}}_p)^{\top} \frac{\Delta\boldsymbol{\theta}^p}{\Delta t} \tag{4.167}$$

式中,罗德里格斯矢量 $\boldsymbol{\beta}^p$,用转动轴方向的单位矢量 $\boldsymbol{n}^p$ 和转动角 $\boldsymbol{\theta}^p$ 表示为 $\boldsymbol{\beta}^p = 2\tan\frac{\boldsymbol{\theta}^p}{2}\boldsymbol{n}^p$。

t_{n+1} 时刻的速度及角速度可以通过下式求得,即

$$\dot{\boldsymbol{x}}^m = \frac{4}{\Delta t}\boldsymbol{u}_h^m - \underline{\dot{\boldsymbol{x}}}^m, \boldsymbol{\omega}^p = \frac{4}{\Delta t}\boldsymbol{\alpha}^p - \underline{\boldsymbol{\omega}}^p \tag{4.168}$$

程序中使用的运动方程式为

$$\boldsymbol{b}_k^m \cdot \left[M_{mn} \frac{\Delta \dot{\boldsymbol{x}}^n}{\Delta t} + \left(\frac{\delta \boldsymbol{U}^{\mathrm{in}}}{\delta \boldsymbol{x}^m} \right)^{\mathrm{T}} + \left(\frac{\delta \boldsymbol{U}^{\mathrm{ex}}}{\delta \boldsymbol{x}^m} \right)^{\mathrm{T}} - \left(\bar{\boldsymbol{F}}_m^x \right)^{\mathrm{nc}} \right] = 0 \qquad (4.169)$$

$$\boldsymbol{b}_k^p \cdot \bar{\boldsymbol{R}}_p \left[\frac{\Delta}{\Delta t} (\boldsymbol{R}_p \boldsymbol{J}_{pq} \boldsymbol{\omega}^q) + \bar{\boldsymbol{e}}_i^p \times \left(\frac{\delta \boldsymbol{U}^{\mathrm{in}}}{\delta \boldsymbol{e}_i^p} \right)^{\mathrm{T}} + \bar{\boldsymbol{e}}_i^p \times \left(\frac{\delta \boldsymbol{U}^{\mathrm{ex}}}{\delta \boldsymbol{e}_i^p} \right)^{\mathrm{T}} - \left(\bar{\boldsymbol{F}}_\theta^p \right)^{\mathrm{nc}} \right] = 0$$

$$(4.170)$$

式中，$\boldsymbol{b}_k^m$、$\boldsymbol{b}_k^p$ 分别为节点 m 和 p 第 k 个广义坐标相对应的基底矢量。

4.5.4　程序的可视化

本程序只注重核心计算模块的开发，前、后处理采用商业软件 ANSYS 强大的前、后处理平台，并编制与 ANSYS 的接口程序，将计算结果导入软件 ANSYS 的后处理中，实现结果的可视化。所编接口程序模块名为 ANSYS.C。

4.6　算例分析

4.6.1　薄膜的展开模拟

为了验证能量－动量法分析薄膜展开结构的正确性，本算例分析一个三折薄膜的展开过程。薄膜的材料为聚酯薄膜 Kapton，薄膜尺寸展开后总长为 0.26 m，宽为 0.2 m，其材料参数见表 4.1。

表 4.1　薄膜的材料参数表

弹性模量 E/GPa	6.96
泊松比 ν	0.3
厚度 $h/\mu\mathrm{m}$	75
薄膜的密度 $/(\mathrm{g} \cdot \mathrm{cm}^{-3})$	1.47

在模拟过程中，固定薄膜的一边，在薄膜另外一边的两个角点上作用一个恒速度，速度的大小为 $10 \mathrm{~m/s^2}$，方向沿着 x 轴正方向，时间步长取 0.01 s，用以模拟 Z 形折叠方式的伸展臂的展开，其展开过程如图 4.7 所示。

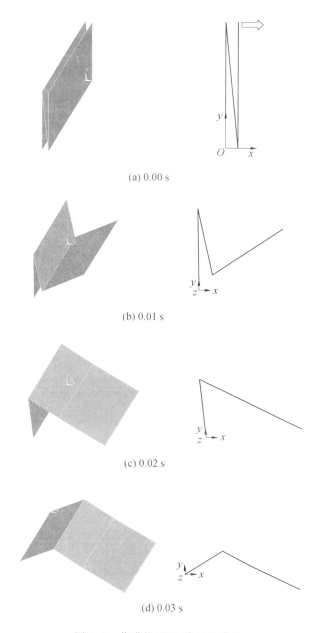

(a) 0.00 s

(b) 0.01 s

(c) 0.02 s

(d) 0.03 s

图 4.7 薄膜的展开(彩图见附录)

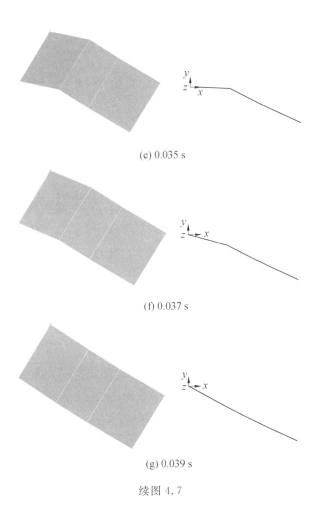

(e) 0.035 s

(f) 0.037 s

(g) 0.039 s

续图 4.7

　　由图 4.7 可知,薄膜在恒速度的作用下逐渐展开,展开历时 0.039 s,最终展开为一个平面。展开过程中系统的能量和动量随时间的变化如图 4.8、4.9 所示,可以看到展开过程中系统的能量几乎就是动能,薄膜的应变能几乎为零,且能量在整个展开过程中是守恒的,这说明在整个展开过程中,薄膜的变形很小。

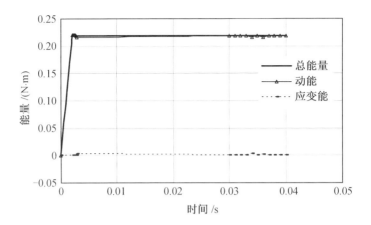

图 4.8   系统能量随时间变化曲线

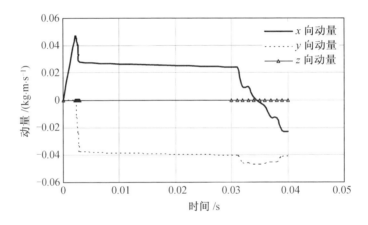

图 4.9   系统动量随时间变化曲线

4.6.2   折叠平面反射面的展开模拟

本算例模拟一折叠平面反射面的展开过程。膜面材料的弹性模量为 0.3 GPa,泊松比为 0.3,其半径大小为 1.14 m,采用由外向内收缩的折叠方式。展开时,在反射面的边缘采用大小相等的恒定径向的速度向外拉,速度大小为 20 m/s,通过计算,其展开过程如图 4.10 所示。反射面中心点 z 向坐标、总能量、动能及应变能随时间变化曲线如图 4.11、4.12 所示。

由图 4.10 可以看出,展开历时 0.24 s,最终展开为平面,平面平整度为 ±0.1 mm。由图 4.12 可以发现,其能量随时间的变化曲线与图 4.8 类似,薄膜的变形很小,展开过程中系统的能量绝大部分是动能,且总能量在整个展开过程中是守恒的。

(a) 0.00 s   (b) 0.01 s

(c) 0.02 s   (d) 0.03 s

(e) 0.04 s   (f) 0.05 s

(g) 0.09 s   (h) 0.24 s

图 4.10　折叠反射面的展开过程(彩图见附录)

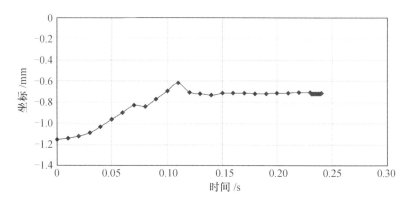

图 4.11　反射面中心点 z 向坐标随时间变化曲线

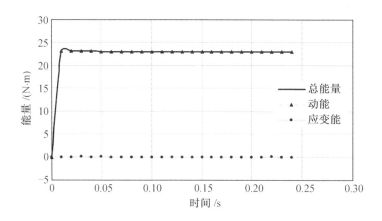

图 4.12　总能量、动能及应变能随时间变化曲线

4.6.3　Z 形折叠充气管的展开模拟

采用能量－动量法模拟 Z 形折叠充气直管（图 4.13）的展开过程，并把结果与 Miyazaki 的试验结果进行比较。

图 4.13　Z 形折叠充气直管（彩图见附录）

　　充气直管的截面半径为 12 mm,长为 200 mm,薄膜厚度为 104 μm,弹性模量为 1.08×10^8 N/m²,泊松比为 0.3,密度为 910 kg/m³。充气气体为氮气,环境温度为 300.68 K,气体常数为 296.798 J/(kg·K)。

　　采用前述算法进行分析,得到各个时刻的状态,并与试验照片进行比较(图4.14),可以看出吻合情况良好。

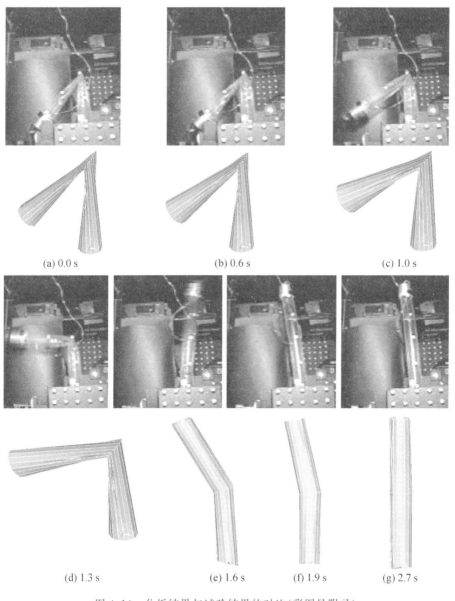

(a) 0.0 s　　　　　(b) 0.6 s　　　　　(c) 1.0 s

(d) 1.3 s　　　(e) 1.6 s　　(f) 1.9 s　　(g) 2.7 s

图 4.14　分析结果与试验结果的对比(彩图见附录)

通过计算,两气室气压随时间的变化情况如图 4.15 所示,可以看出,首先第一个气室的气压增大,接着,气室之间的横截面被冲开,气体进入第二个气室,第二个气室的气压增大。最后两个气室的气压都达到设计气压 5.5 kPa。图 4.16 所示为两气室体积随时间的变化曲线,可以看出,大约在 2 s,两气室的体积达到最大值。充气管展开端速度随时间的变化曲线如图 4.17 所示。充气管展开过程中整个管子动量和动量矩随时间的变化曲线如图 4.18、4.19 所示。

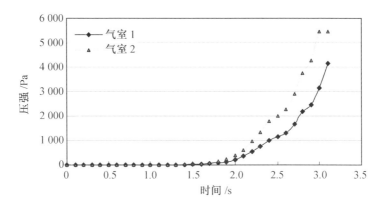

图 4.15　气室气压随时间的变化曲线

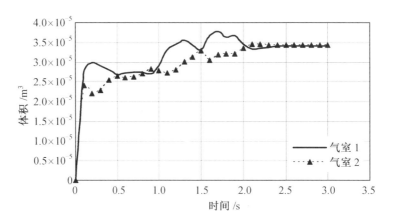

图 4.16　气室体积随时间的变化曲线

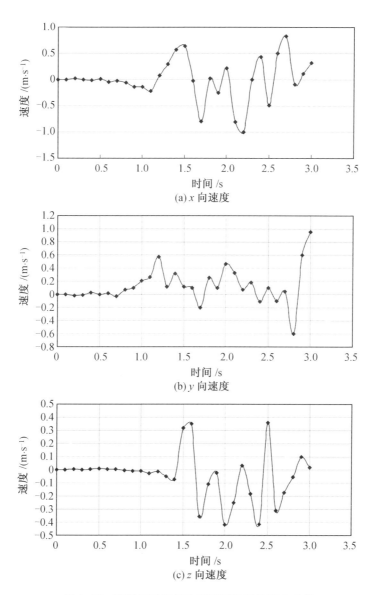

图 4.17　充气管展开端的速度随时间的变化曲线

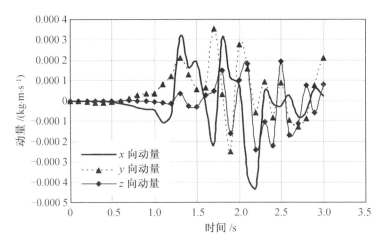

图 4.18　整个系统的动量随时间的变化曲线

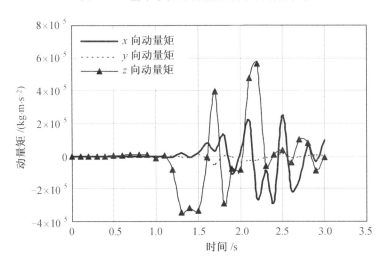

图 4.19　整个系统的动量矩随时间的变化曲线

4.7　本章小结

　　本章首先从刚体动力学和欧拉四元素理论出发,从理论上推导了能量-动量方法的运动方程和时间积分方法,同时与拉格朗日方程进行了比较;然后从能量-动量的角度出发,对空间薄膜结构的展开以及充气结构的模拟进行了理论分析。基于这些基本理论,对空间薄膜结构分析的程序实现进行了详细的描述,并编制了接口程序,对具体算例进行了分析,从而得出结论:能量－动量法从能量和动量以及动量矩守恒的角度,通过增量的近似和修改外力的方法,使拉格朗日方程的增量关系满足能量守恒、动量守恒和动量矩守恒,保证了数值计算的稳定,并避免了有限元方法中复杂的拉格朗日乘子的计算,在模拟空间薄膜结构的展开时,采用小刚度理论模拟薄膜的褶皱和松弛,在模拟充气结构时,还考虑了气体与结构的相互作用以及薄膜的自接触问题,并运用热力学第一定律和气体状态方程对充气过程气体的交换进行了理论推导,并得到了其精确解;在程序的处理中,采用独立计算子气室气压的方法,减少了有限元分析中刚度矩阵的带宽,从而节省计算时间和计算机内存;并对充气过程假设为等温过程进行了修正,最后将模拟结果与试验进行了对比,发现吻合较好。因此,从模拟的结果来看,能量－动量法不失为一种比较精确的模拟方法。

第5章

空间薄膜结构展开的试验研究

5.1　概　　述

　　目前,对于充气管的展开研究采用了不同的方法,这在本书的第2、第3和第4章已做了详细描述,总括起来,基本上属于两种类型:一种类型是基于气囊展开模型的非线性有限元法,这种方法考虑了气体与结构的连续作用,但是模拟需要花费大量的机时;另一种类型是一种"系统"的方法,在这种方法中,气体与结构的作用只局限于充气管的折叠和褶皱处。无论哪一种方法都需要试验来进行验证,而充气结构的展开试验由于受到很多客观条件的限制而非常困难,如在太空中进行试验,由于受到空间条件的限制,试验试件不能做得太大,而在地面做展开试验受到很多因素诸如重力和空气压强的影响,很难达到消除重力的效果。因此,需要寻求一种既能在地面上进行,又能消除重力影响的有效的试验方法。

　　本章通过运用气垫导轨来减少充气管展开过程中的摩擦力,以模拟微重力环境,研究卷曲折叠充气管在不同参数条件下(如不同的充气速率、不同的充气方式、不同的卷曲形式以及不同的管壁材料)的展开过程和动力性能,其结果对于研究在轨充气结构的展开具有十分重要的意义。

5.2　空间薄膜充气管的展开试验

5.2.1　试验试件及材料

本试验采用的试验试件是由一块厚为 0.2 mm 的 Mylar-Al-Mylar 层合碾压薄膜卷成直径为 75 mm 的圆柱形充气管。

试验试件分为两组，一组为 Mylar-Al-Mylar 管，另一组为钢卷尺加劲的 Mylar-Al-Mylar 管。每组充气管，按长度又分为 1.2 m 和 1.5 m 两种。充气管的材料，即 Mylar-Al-Mylar 层合碾压薄膜，由柔软易延展的铝箔和聚合薄膜 Mylar 用黏合剂碾压而成。它是目前硬化方式最简单的硬化材料，不需要航天器提供能量，而且硬化速率快且可预测，存储寿命长。Mylar-Al-Mylar 管的材料性能见表 5.1 所列。

表 5.1　Mylar-Al-Mylar 薄膜材料属性表

材料	厚度 /mm	弹性模量 E/GPa	抗拉强度 /MPa	屈服强度 /MPa	泊松比 ν	伸长率 /%	密度 /(kg·m^{-3})
铝箔 1050	0.050	42.91	92.9	75	0.30	16	
Mylar 薄膜	0.075	7.25	172.37	51.7	0.34	45	1 395
Mylar-Al-Mylar 薄膜	0.200	19.80	120.15	59.1	0.34	36	

Mylar-Al-Mylar 层合碾压薄膜的结构示意图如图 5.1 所示。钢卷尺加劲的 Mylar-Al-Mylar 管的结构示意图如图 5.2 所示。

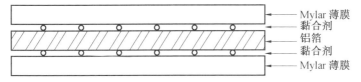

图 5.1　Mylar-Al-Mylar 层合碾压薄膜结构示意图

图 5.2　钢卷尺加劲的 Mylar-Al-Mylar 管的结构示意图

每根充气管的两端都采用厚度为 2 mm 的 PVC 塑料端盖进行密封,在其中一个端盖上钻孔并连接软管,软管通过流量计与气泵相连。充气管以另一没有钻孔的 PVC 塑料端盖作为心轴进行卷曲折叠,对于 Mylar-Al-Mylar 管,卷曲半径为 13 cm,对于钢卷尺加劲的 Mylar-Al-Mylar 管,卷曲半径为 16 cm,试验试件如图 5.3 所示。

(a) Mylar-Al-Mylar 管　　　　　　　(b) 钢卷尺加劲的 Mylar-Al-Mylar 管

图 5.3　试验试件

5.2.2　试验装置

为了消除充气管展开时的摩擦力影响,以模拟微重力条件下充气管的展开,本试验在气垫导轨上进行,试验装置如图 5.4 所示。

气垫导轨由在长约 2.0 m 的工字形钢梁上,安装长约 2.0 m 的三角形铝管制成,铝管的一端封死,另一端装有进气嘴,可向管内送入压缩空气。当空气压入时,三角形铝管两个互成 90°角的轨面上的 4 排直径为 0.4 mm 的小孔就喷出空气,使导轨上的滑块飘浮起来,这时在轨面与滑块之间形成一层很薄的气垫(约几十 μm)。当滑块在导轨上滑动时,受到的摩擦力很小,为观察物体的运动

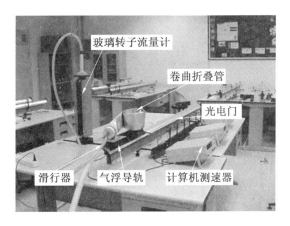

图 5.4　卷曲充气管的展开试验装置

规律创造了比较理想的环境。

卷曲折叠的充气管在充气展开试验之前,首先通过调节支座底脚螺丝将气垫导轨调至水平,之后将卷曲的充气管两端分别连接在两个同样轻质滑块的上面,再将两个滑块轻放在导轨上,并将充气端的滑块用线拴紧固定,连接好各充气管路及光电测试系统。先打开气浮导轨充气的阀门,当从导轨的气孔中喷出的空气浮起滑块及卷曲的充气管时,再打开并联的气源阀门,旋转开气体流量计控制阀,使气体保持一定的速率向浮起的薄膜充气管内充气。在气体的作用下,展开端同转盘一起绕转轴转动的同时,并随滑块沿着导轨做直线运动。由于气垫导轨轨面与滑块之间形成的"气垫"使滑块和充气管处于一种近似失重的状态,且滑块的质量很轻,所以展开端滑块的质量对展开速度以及加速度不会产生太大的影响。

充气管的两端连接件如图 5.5 所示,固定的一端为充气端,通过钢卷尺将其固定在一平板上,并用螺栓与滑块相连,而展开的一端为自由端,通过钢卷尺固定在一自制的转盘上,并用转轴与滑块相连,以保证充气管在顺利展开的同时,还能绕着转轴转动。充气管两端连接件的详细设计尺寸如图 5.6 所示,采用轻质的铝合金制作。

为研究不同参数对充气管充气展开过程的影响,要测量的数据包括展开端的速度、充气管管内气体的流量。

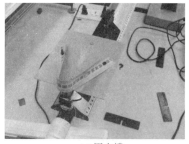
(a) 固定端

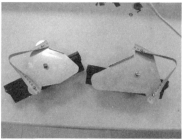
(b) 展开端

图 5.5 充气管两端的连接件

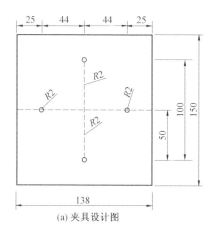
(a) 夹具设计图

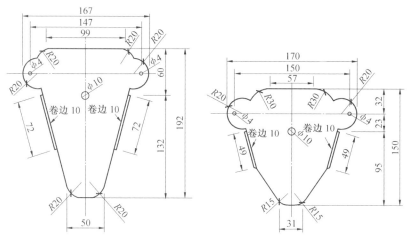
(b) 转盘设计图

图 5.6 充气管两端连接件设计图

充气管展开端的速度测量方法：将 10 mm 宽的挡光片安装在与充气管展开端相连的滑块上，并保证在展开过程中，挡光片能顺利通过 6 个光电门，通过 MUJ－5B 型计算机测速器记录下通过的时间，从而计算通过这 6 个点的速度。这 6 个点离充气管固定点的距离，对于长度不同的充气管，其距离不同，具体数据见表 5.2 所列。

表 5.2　气垫导轨上光电门的位置

充气管的长度/m	挡光片的初始位置离导轨充气端的距离/cm	6 个光电门离导轨充气端的距离					
		P_1/cm	P_2/cm	P_3/cm	P_4/cm	P_5/cm	P_6/cm
1.2	50	60	70	80	90	100	110
1.5	50	66.5	83	99.5	116	132.5	150

充气管管内气体的流量是通过玻璃转子流量计来进行设定与控制的。其工作原理是：当流体自下而上流入流量计锥管时，被转子截流，在转子上、下游之间产生压力差，转子在压力差的作用下上升，当作用在转子上的动压力、流体的浮力以及重力作用相平衡时，转子就平稳地浮在锥管内某一位置上。对于给定的转子流量计，转子大小和形状已经确定，因此它在流体中的浮力和自身重力都是已知的，唯有流体对转子的动压力随流量大小而变化。因此当流量变大或变小时，转子将在其平衡位置上做向上或向下的移动，当流量重新恒定时，转子就在新的位置上稳定。气体的流量通过流量计的锥阀来进行控制。本试验中为保证充气管能顺利展开，同时为了研究不同的充气速率对充气管展开的影响，旋转流量计的阀门，使气体流量计中的锥阀位置分别保持在 460 L/h 和 1 000 L/h 两种刻度下进行测试。

充气装置采用微音气泵进行，与两种充气流量相对应，采用 460 L/h 流量时，用一个气泵进行充气；而采用 1 000 L/h 流量时，则用玻璃三通连接，采用两个气泵并联充气。为防止气体相互干扰，气垫导轨则采用单独气泵进行充气（图 5.7）。

图 5.7　充气装置

5.2.3　试验结果及分析

1. 充气展开过程分析

长度为 1.2 m 的 Mylar-Al-Mylar 充气管和钢卷尺加劲的 Mylar-Al-Mylar 充气管在 1 000 L/h 流量的气体作用下的展开过程如图 5.8 所示。图 5.8(a)～(g)为 Mylar-Al-Mylar 充气管的展开过程,图 5.8(h)～(l)为 Mylar-Al-Mylar 充气管的展开过程。

图 5.8 中充气管展开端经过各点的速度值如图 5.9 所示。

由图 5.8 和 5.9 可以看出,对于 Mylar-Al-Mylar 充气管,前 6 s 充气展开缓慢,属于充气膨胀过程。从第 7 s 开始到第 12 s,属于充气展开的过程,展开速度加快。因此可以看出,充气管首先要经过充气膨胀的过程,当充入的气体压强达到一定值的时候,充气管才开始展开,在展开时,"充气铰"随着充气管的展开向前移动。同时由于重力引起的摩擦力的存在,在"充气铰"处出现不同程度的"增压滞后"现象,所谓"增压滞后",是指充气管折叠角前的部分先增压,而折叠角后的部分由于受到折叠角阻挡,气体不能顺畅到达,只有当折叠角被气流冲开以后气压才增加的现象。

比较图 5.8 中的(f)与(j),可以看出,对于钢卷尺加劲的 Mylar-Al-Mylar 充

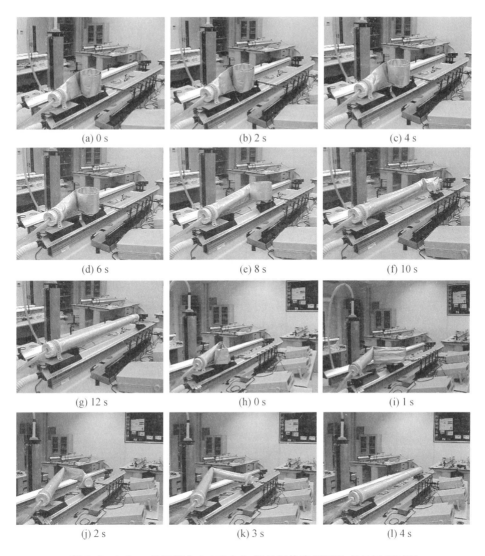

(a) 0 s　　　　　　　(b) 2 s　　　　　　　(c) 4 s

(d) 6 s　　　　　　　(e) 8 s　　　　　　　(f) 10 s

(g) 12 s　　　　　　(h) 0 s　　　　　　　(i) 1 s

(j) 2 s　　　　　　　(k) 3 s　　　　　　　(l) 4 s

图 5.8　1.2 m 充气管在 1 000 L/h 流量气体作用下的充气展开过程

气管,开始时"增压滞后"现象比较明显,这是由于折叠角处的刚度因钢卷尺的存在变大,要冲开折叠角,开始需要较大的气压,一旦折叠角展开到一定程度,充气管的展开需要的气压非常小,在钢卷尺扭矩的作用下,以及材料刚度变化引起的贮存在管中应变能的释放,气压就会自由地从管的一端进入另一端。因此展开的时间非常短,整个充气展开过程仅用了 4 s,前 1 s 是充气膨胀过程,从第 2 s 开始充气管开始展开。在展开时"充气铰"的半径也变大了(图 5.8(k))。

　　这是两个比较典型的充气管的展开过程,可以发现,加了钢卷尺以后,充气

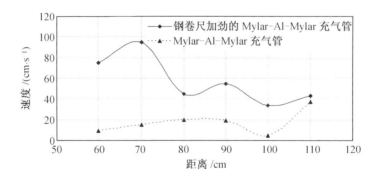

图 5.9　充气管展开时经过各点的速度

展开的时间缩短了 2/3,也就是说,加了钢卷尺的 Mylar-Al-Mylar 充气管,不仅能提高屈曲承载力,而且能缩短充气展开的时间,但在展开过程中表现出一定程度的振荡。

2. 充气速率对充气管展开过程的影响

对于 1.2 m 长的 Mylar-Al-Mylar 充气管,在 460 L/h 和 1 000 L/h 两种不同充气流量的作用下,各点的速度如图 5.10 所示。

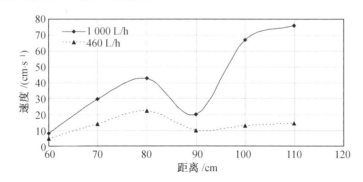

图 5.10　不同流量下 Mylar-Al-Mylar 充气管展开端的速度

对于空间充气展开结构,不同的充气速率将会产生不同的影响。从以上数据可以看出,两条曲线的变化趋势基本相同,随着充气管的展开,展开端的速度先是增加;在管子展开到约长度的 2/3 时,展开端的速度开始减小,到约长度的 3/4 时,展开端的速度又开始增加,这是由于在展开过程中不断出现折叠角处的"增压滞后"现象造成的。由图 5.10 可知,充气速率越大,展开端对应的各点的速度也越大。且高速充气时在展开过程中出现波动的强度明显大于低速充气展开,其中高速展开的速度最大峰值约为低速的 5 倍。

3. 钢卷尺加劲对充气管展开过程的影响

钢卷尺加劲对充气管的展开动力性能具有一定的影响,可以从以下 3 个方面进行分析。

(1)充气方式相同的钢卷尺加劲充气管的展开动力性能。

1.2 m 长的充气管在 1 000 L/h 流量的气体作用下,当加与不加钢卷尺时,展开端的速度比较如图 5.11 所示。由图中两条曲线可以发现,当充气方式相同时,钢卷尺加劲以后,展开端的速度出现了明显的波动,这是由于加了钢卷尺以后充气管的刚度增加了,要冲开折叠角需要积蓄的能量较大,所以,开始时速度很小,一旦冲开折叠角后,速度变大,当遇到下一个折叠角时,速度又变小,如此反复,速度呈现出明显的波动。

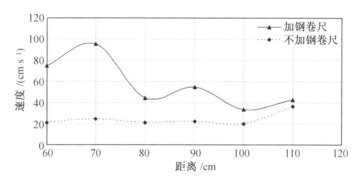

图 5.11　充气方式相同时加与不加钢卷尺充气管展开端速度比较

(2)长度相同的钢卷尺加劲充气管在小流量气体作用下的展开动力性能。

1.2 m 长的充气管在 460 L/h 流量的气体作用下,当加与不加钢卷尺时,展开端的速度比较如图 5.12 所示。由于流量比较小,对于钢卷尺加劲的充气管,气体要冲开折叠角需要的时间较长,因此,速度先是变小,一旦冲开折叠角后,速度变大,由于这个过程需要的时间较长,因此出现的波峰及波谷较饱满。而对于没有钢卷尺加劲的充气管,"增压滞后"现象不明显,速度逐渐增加,达到波峰后,速度开始下降。

(3)长度相同的钢卷尺加劲充气管在不同流量气体作用下的展开动力性能。

对于钢卷尺加劲的充气管,由于气体流量的不同,表现的动力性能也不相同,如图 5.13 所示。对于小流量情况,由于开始充气时流量比较小,速度先是减小,一旦冲开折叠角后,速度逐渐变大,直到下一个折叠角出现,速度又重新变

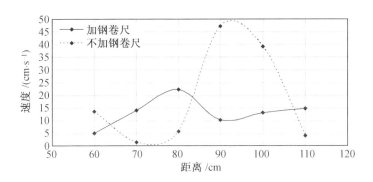

图 5.12　长 1.2 m 的充气管在 460 L/h 流量下加与不加钢卷尺展开端速度比较

小,如此循环下去。而对于大流量情况,开始充气时的流量比较大,所以速度一开始是增加的,遇到折叠角后,速度开始减小,直到冲开折叠角,速度又开始增大,如此循环下去。同时在图中还可以看出,小流量充气时,振荡次数减小,但振荡幅度较大;而对于大流量充气,振荡次数增加,但振荡幅度减小。

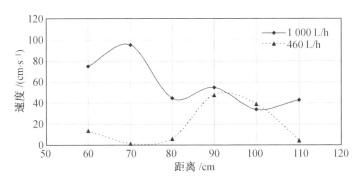

图 5.13　不同流量下钢卷尺加劲充气管的速度比较

因此,充气管内壁采用钢卷尺加劲时,展开速度变快,当构件长度较大且采用大流量气体充气时容易发生大幅度振动,必须实现对展开过程的控制。实际工程中可通过在管外壁粘贴毛扣减缓其展开速度。

4. 充气方式对充气管展开过程的影响

本试验考虑采用两种充气方式对充气管进行充气,一种是采用波形充气,即拧开充气泵的阀门时,先逐渐加大充气流量,到达指定值后,再逐渐减小充气流量;另一种充气方式是直线充气,即一开始就把流量调到指定值进行充气。下面用 5 个实例来分析比较充气方式对充气展开过程的影响。

(1)实例 1:采用不同充气方式,1.2 m 长 Mylar-Al-Mylar 充气管在 460 L/h

流量作用下的情况(图 5.14)。

由图 5.14 可以发现,采用波形充气时,要比采用直线充气时,对应的各点速度要小,也就是说,采用波形充气能使整个充气过程变得更加平稳,因此,在进行小流量充气且充气管不是太长时,采用波形充气比较合适。

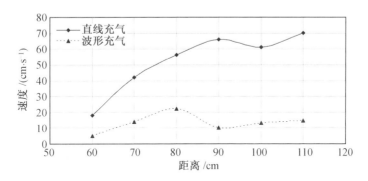

图 5.14　不同充气方式下 1.2 m 长充气管在 460 L/h 流量作用下各点速度比较

(2)实例 2:采用不同充气方式,1.2 m 长 Mylar-Al-Mylar 充气管在 1 000 L/h流量作用下的情况。

测试发现,采用波形充气时,其展开稳定,测得其各点速度如图 5.15 所示;而采用直线充气时,展开明显加快,且转盘容易脱落,不能读出各点的速度值(图 5.16)。

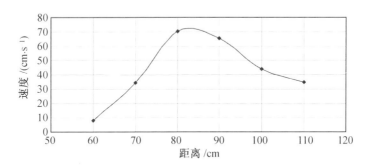

图 5.15　1.2 m 长充气管在 1 000 L/h 流量下采用波形充气方式的各点速度曲线

(3)实例 3:采用不同充气方式,1.5 m 长 Mylar-Al-Mylar 充气管在 1 000 L/h流量作用下的情况。

同样发现,采用波形充气时,其展开稳定,各点速度如图 5.17 所示,而采用直线充气时,与实例 2 相似,展开失败且容易出现转盘脱落现象(图 5.18)。

图 5.16　1.2 m 长充气管在 1 000 L/h 流量下直线充气时转盘脱落

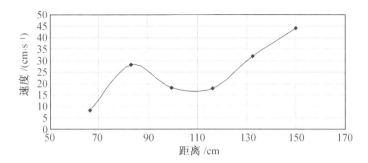

图 5.17　1.5 m 长充气管在 1 000 L/h 流量下采用波形充气方式的各点速度曲线

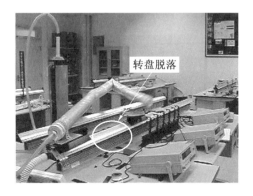

图 5.18　1.5 m 长充气管在 1 000 L/h 流量下直线充气时转盘脱落

(4)实例 4:采用不同充气方式,1.2 m 长钢卷尺加劲的 Mylar-Al-Mylar 充气管在两种不同流量作用下的情况。

试验发现,采用 460 L/h 和 1 000 L/h 两种不同流量,用波形充气时,展开都不理想。这是因为,加了钢卷尺之后充气管刚度增加,采用波形充气时,其流量是逐渐增加的,当采用小流量时,充气管不能展开,即使随着时间的增加,气压增大,也会造成展开不完全的现象,如图 5.19 所示。当采用大流量时,"增压滞后"现象明显,如图 5.20 所示。而采用直线充气时,结果则比较理想(图 5.9)。

图 5.19　1.2 m 长钢卷尺加劲充气管在 460 L/h 流量下波形充气时展开不完全

(a) 展开前　　　　　　　　　　　　　　(b) 展开后

图 5.20　1.2 m 长钢卷尺加劲充气管在 1 000 L/h 流量下波形充气时出现明显"增压滞后"现象

(5)实例 5:采用不同充气方式,1.5 m 钢卷尺加劲的 Mylar-Al-Mylar 充气管在两种不同流量作用下的情况。

本试验中,无论采用波形充气还是直线充气,分别采用 460 L/h 和 1 000 L/h 两种不同流量,对 1.5 m 长钢卷尺加劲的 Mylar-Al-Mylar 充气管充气,展开都失败。采用波形充气时,由于管子太长,一开始气压不够,不能展开,而当气压增加到一定值时,又会形成阻止滑块滑动的"充气铰",如图 5.21 所示。采用直线充气时,充气管在气流作用下很快无序散开,形成很多个"充气铰",致使展开不能顺利进行,如图 5.22 所示。因此,对于 1.5 m 长钢卷尺加劲的 Mylar-Al-Mylar 充气管,要想得到理想的试验结果,需进一步加大充气流量。

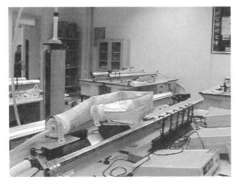 

图 5.21 阻止滑块滑动的"充气铰" 　　图 5.22 充气管发散,不能有效展开

从以上实例可以看出,不同充气方式对充气管的动力性能具有一定的影响,一般地说,对于较短的 Mylar-Al-Mylar 充气管,采用波形充气,能得到比较理想的结果;对于较长的 Mylar-Al-Mylar 充气管以及钢卷尺加劲的 Mylar-Al-Mylar 充气管,当气体流量较小时,用波形充气往往得不到理想的结果,则选用直线充气比较合适。

5. 卷曲松紧对充气管展开过程的影响

卷曲松紧对充气管展开也具有非常大的影响,甚至直接影响到充气管能否顺利展开。如图 5.23 所示,卷曲越紧,其展开的可靠性越大,卷曲越松,其展开的可靠性越小,卷曲松紧主要影响到"充气铰"的形成及充气管展开的有序性。因此为提高充气管展开的可靠性,建议采用紧凑的卷曲方式进行折叠。

 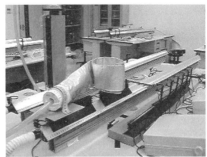

(a) 卷曲较松 　　　　　　　　　　　　(b) 卷曲较紧

图 5.23 卷曲松紧对充气管展开过程的影响

5.2.4　采用控制体积法模拟的结果与试验结果的比较

根据试验条件,采用 0.1 kg/s 和 0.3 kg/s 两种不同充气速率对充气管进行充气试验,求出充气管展开过程中各个不同位置的速度,其结果如图 5.24 中虚线所示。同时,为比较同样条件下采用控制体积法模拟结果与试验结果的吻合性,计算了铝箔 Mylar 膜充气管在不同充气速率下的展开速度(图 5.24 中的实线)。比较发现数值结果与试验结果趋势基本相同:随着充气管的展开,展开端的速度先是增加,在管子展开到约长度的 1/3 时,展开端的速度开始减小,当展开到约长度的 1/2 时,展开端的速度又开始回弹,甚至超过前面的峰值,呈现出明显的波动,同时还发现高速率充气时,薄膜管端部受到的冲击力较大而抖动得比较剧烈;当充气速率由 0.1 kg/s 提高到 0.3 kg/s 时,同一位置的展开速度也明显增加了。

另外,由图 5.24 中还可以看出,数值模拟与试验结果存在一定的偏差,这主要是由于下列原因造成的:第一,数值模拟中忽略了阻力,并忽略了质点的惯性运动;第二,充气展开试验中,气体流量是由气体流量计中的锥阀控制,而锥阀的位置易受气源气压的影响而产生上下波动;第三,挡光片的宽度也会引起系统的测量误差。从而使得仿真结果大于试验结果。

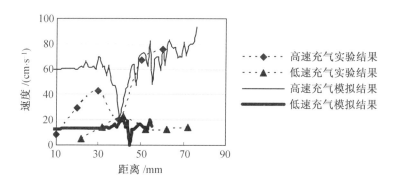

图 5.24　采用不同充气速率充气管展开速度的模拟结果与试验结果曲线图

5.3 本章小结

本章通过不同参数条件下卷曲折叠充气管展开性能的试验研究,得出以下结论。

(1)卷曲折叠充气管的充气展开受许多因素的影响,充气速率的影响至关重要,当充气速率越大时,充气展开越不稳定。

(2)钢卷尺加强的充气管,由于刚度的变化,刚开始时,其"增压滞后"现象严重,一旦折叠角展开到一定程度,其展开受到弹簧扭矩的驱动,以及贮存在管中应变能的释放,使得充气管展开时间缩短,展开出现波动。

(3)充气方式对充气管的展开也具有一定的影响,在实际工程中,可针对不同的情况采用不同的充气方式。

(4)充气管的卷曲松紧程度对充气管的展开也具有一定的影响,卷曲得越紧,其展开的可靠性越高。

(5)本章的最后,在两种不同充气速率的条件下,将采用控制体积法对充气管展开速度的模拟结果与试验结果进行了比较,发现吻合良好,从而验证了基于控制体积法有限元分析的合理性。

(6)"增压滞后"现象是充气管展开时经常出现的一种现象,是由于重力产生的导轨与滑块之间的摩擦力,使得充气管的折叠角不容易打开,从而造成气流受阻而形成的。采用气垫导轨,虽能部分消除重力的影响,减小"增压滞后"现象的出现,但影响"增压滞后"现象的因素是复杂的。有研究表明,"增压滞后"与材料的刚度、充气气压、充气管的直径、充气管折叠的松紧程度等因素有关。

综上所述,为提高卷曲折叠充气管展开的可靠性、有序性,采用合适的充气方式和充气速度、紧凑的卷曲形式,以及用钢卷尺进行加劲都是非常重要的,其研究成果对于充气结构在太空中充气展开的性能研究具有一定的借鉴意义。

第6章

基于张力场理论的空间薄膜结构的褶皱分析

薄膜材料在一向受拉、另一向受压的状态下,容易出现褶皱,大大降低了形面精度,影响空间薄膜结构的使用性能。要控制在轨工作状态的形面,提高形面精度,就必须消除薄膜褶皱。薄膜褶皱按其成因分为两类:材料褶皱和结构褶皱。材料褶皱主要指材料加工、运输和折叠过程中产生的初始缺陷;结构褶皱指薄膜在外载荷作用下发生位移和变形而产生的褶皱。

本章首先用综合准则判别薄膜处于3种不同的受力状态:张紧、褶皱、松弛。然后利用张力场理论分析褶皱发生的区域和方向,以充气展开天线为例,分析空间薄膜结构褶皱的出现情况。

6.1 概　　述

空间薄膜结构充气前,折叠成很小的体积,充气后慢慢撑开折痕,如果充气气压不大,反射面是松弛的,其上分布着大量褶皱,这是材料褶皱,如图 6.1 所示,由于材料褶皱的分布具有很强的随机性且细微,在以后的研究和加工中必须引起足够的重视。当反射面展开达到目标形面后,如果继续向反射器中充气,当充气气压较大时,材料褶皱基本消除,将在反射面边缘出现径向褶皱,反射器上的褶皱以结构褶皱为主,如图 6.2 所示。

本章拟采用综合判别法判别各积分点的应力状态,对于褶皱区域,将应变分为弹性应变和褶皱应变。首先基于张力场理论预测褶皱,推导了褶皱区域的基本方程式和必要条件,然后由必要条件确定褶皱方向角的求解范围,通过求解基本方程式确定褶皱的方向角。接着对褶皱和松弛区域通过修正应力应变关系矩阵来进行求解。最后通过算例验证此方法的正确性,并以充气可展开天线反射面为例,分析空间薄膜结构的褶皱发生情况。

图 6.1　气压过小时的材料褶皱　　　　图 6.2　气压过大时出现的结构褶皱

6.2　应力状态判别准则

张力场理论最先是由 Reissner 于 1938 年在分析平面环形膜在扭转作用下起皱时提出的。

1961 年,Stein 和 Hedgepeth 提出了矩形、圆形和圆柱形部分起皱薄膜的几种解析解。随后,Miller 和 Hedgepeth 在 1982 年提出了 Stein-Hedgepeth 理论的一般化和有限元(FE)实现。Mansfield 在 1968 年提出了一种基于最大应变能原理变分方法的张力场理论的替代公式。分析了几种新的起皱问题,包括变刚度膜的起皱问题。Wu 于 1978 年提出了旋转式薄膜大应变非线性起皱的理论公式。在薄膜大应变起皱的情况下,1986 年,Pipkin 再一次提出了"松弛应变能密度"的概念。用松弛应变能代替普通应变能,使张力场理论在有限元方法中易于实现。Steigmann 和 Pipkin 在 1989 年提出了轴对称膜在边缘载荷和常压下有限弹性变形解。

采用张量形式的非线性有限元方法来分析薄膜结构,得到单元各积分点的应力应变和变形梯度如下。

第二皮奥拉－基尔霍夫(Piola-Kirchhoff)应力为(S_{11},S_{22},S_{12}),格林－拉格朗日(Green-Lagrange)应变为$(E_{11},E_{22},2E_{12})$。

主应力σ_1,σ_2为

$$\sigma_1 = (S_{11} + S_{22})/2 + \sqrt{\left(\frac{S_{11} - S_{22}}{2}\right)^2 + (S_{12})^2} \tag{6.1a}$$

$$\sigma_2 = (S_{11} + S_{22})/2 - \sqrt{\left(\frac{S_{11} - S_{12}}{2}\right)^2 + (S_{12})^2} \tag{6.1b}$$

第一主应力和局部坐标轴的夹角φ_0(顺时针为正)为

$$\varphi_0 = \arctan \frac{-2S_{12}}{S_{11} - S_{22}} \tag{6.2}$$

主应力方向上的应变为

$$\varepsilon_1 = (E_{11} + E_{22})/2 + \frac{1}{2}\sqrt{(E_{11} - E_{22})^2 + (E_{12})^2}$$

$$\varepsilon_2 = (E_{11} + E_{22})/2 - \frac{1}{2}\sqrt{(E_{11} - E_{22})^2 + (E_{12})^2} \tag{6.3}$$

因为薄膜材料不能出现压应力,如果薄膜局部出现压应力,材料必将发生面外屈曲位移以消除压应力。在不考虑薄膜材料抗弯刚度的情况下,在不同的应力状态,薄膜处于3种不同的状态:受拉状态、褶皱状态、松弛状态。分别定义如下。

受拉状态:两向主应力都为正。

松弛状态:两向主应力都为零。

褶皱状态:一向主应力为正,另一向主应力为零。

应力状态判别的方法有3种:主应力准则、主应变准则、混合准则。

主应力准则:

$$\left.\begin{array}{ll} (\text{i})\sigma_2 > 0, & \text{受拉} \\ (\text{ii})\sigma_1 > 0,\sigma_2 < 0, & \text{褶皱} \\ (\text{iii})\sigma_1 \leqslant 0, & \text{松弛} \end{array}\right\} \tag{6.4}$$

主应变准则：

$$
\left.
\begin{aligned}
&(\text{i})\varepsilon_1 \geqslant 0, \varepsilon_2 + \gamma\varepsilon_1 \geqslant 0, &&\text{受拉}\\
&(\text{ii})\varepsilon_1 \geqslant 0, \varepsilon_2 + \gamma\varepsilon_1 \leqslant 0, &&\text{褶皱}\\
&(\text{iii})\varepsilon_1 \leqslant 0, &&\text{松弛}
\end{aligned}
\right\}
\tag{6.5}
$$

混合准则：

$$
\left.
\begin{aligned}
&(\text{i})\sigma_2 > 0, &&\text{受拉}\\
&(\text{ii})\sigma_2 \leqslant 0 \text{ 且 } \varepsilon_1 > 0, &&\text{褶皱}\\
&(\text{iii})\varepsilon_1 \leqslant 0, &&\text{松弛}
\end{aligned}
\right\}
\tag{6.6}
$$

这里，σ_1 是第二 Piola-Kirchhoff 最小主应力，ε_1 是 Green-Lagrange 最小主应变。

此外，还可以采用应变能密度函数来表达。假定应变很小，只考虑线弹性材料的行为。因此，材料的性能可以用适用于拉紧、褶皱和松弛状态的应变能密度函数来表征。在拉紧区域，应变能密度函数为平面应力各向同性弹性行为，得到

$$
W = \frac{1}{2}\left[\frac{E}{1-\nu^2}(\varepsilon_{xx} + \varepsilon_{yy})^2 - \frac{2E}{1+\nu}\left(\varepsilon_{xx}\varepsilon_{yy} - \frac{\varepsilon_{xy}^2}{2} - \frac{\varepsilon_{yx}^2}{2}\right) \right]
\tag{6.7a}
$$

或者，用主应变表示为

$$
W = \frac{1}{2}\left[\frac{E}{1-\nu^2}(\varepsilon_1 + \varepsilon_2)^2 - \frac{2E}{1+\nu}\varepsilon_1\varepsilon_2 \right]
\tag{6.7b}
$$

应力可以用应变表示为

$$
\sigma_{xx} = \frac{\partial W}{\partial \varepsilon_{xx}} = \frac{E}{1-\nu^2}(\varepsilon_{xx} + \nu\varepsilon_{yy})
\tag{6.8}
$$

$$
\sigma_{yy} = \frac{\partial W}{\partial \varepsilon_{yy}} = \frac{E}{1-\nu^2}(\varepsilon_{yy} + \nu\varepsilon_{xx})
\tag{6.9}
$$

$$
\sigma_{xy} = \frac{\partial W}{\partial \varepsilon_{xy}} = \frac{E\varepsilon_{xy}}{1+\nu}, \sigma_{yx} = \frac{\partial W}{\partial \varepsilon_{yx}} = \frac{E\varepsilon_{yx}}{1+\nu}
\tag{6.10}
$$

主应力为

$$
\sigma_1 = \frac{\partial W}{\partial \varepsilon_1} = \frac{E}{1-\nu^2}(\varepsilon_1 + \nu\varepsilon_2)
$$

$$
\sigma_2 = \frac{\partial W}{\partial \varepsilon_2} = \frac{E}{1-\nu^2}(\varepsilon_2 + \nu\varepsilon_1)
$$

因此，对应的判别准则如下。

$(i)W = \dfrac{1}{2}\left[\dfrac{E}{1-\nu^2}(\varepsilon_1+\varepsilon_2)^2 - \dfrac{2E}{1+\nu}\varepsilon_1\varepsilon_2\right]$，受拉。

$(ii)W = \dfrac{1}{2}E\varepsilon_1^2$，褶皱。

$(iii)W = 0$，松弛。

本章采用综合判别准则来判别各个积分点的应力状态,并针对不同的应力状态进行修正。

6.3　不考虑褶皱情况下薄膜的变形

在本节中,首先不考虑薄膜的褶皱,建立薄膜变形的基本方程。采用随体坐标系推导张量分量。

图 6.3 所示为笛卡儿坐标 $\boldsymbol{e}_i(i=1,2,3)$ 中薄膜的变形,随体坐标 $\boldsymbol{r}^a(\alpha=1,2)$ 用来定位薄膜中面中的一点。薄膜在变形前和变形后构型中的共变基向量分别定义为

$$\boldsymbol{G}_\alpha = \frac{\partial X(\boldsymbol{r}^a)}{\partial \boldsymbol{r}^a} \tag{6.11}$$

$$\boldsymbol{g}_\alpha = \frac{\partial x(\boldsymbol{r}^a)}{\partial \boldsymbol{r}^a} \tag{6.12}$$

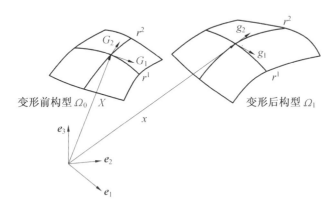

图 6.3　薄膜的变形

式中,$X(\boldsymbol{r}^a)$ 和 $x(\boldsymbol{r}^a)$ 分别表示薄膜中面的某点在变形前构型和变形后构型中的位置矢量。因此,共变基向量 $\boldsymbol{G}_\alpha$ 和 $\boldsymbol{g}_\alpha$ 满足如下关系:

$$G^\alpha \cdot G_\beta = \delta^\alpha_\beta \tag{6.13}$$

$$g^\alpha \cdot g_\beta = \delta^\alpha_\beta \tag{6.14}$$

式中，δ^α_β 表示克罗内克符号（当 $\alpha = \beta$ 时，$\delta^\alpha_\beta = 1$，当 $\alpha \neq \beta$ 时，$\delta^\alpha_\beta = 0$）。变形梯度张量为

$$F = g_\alpha \otimes G^\alpha \tag{6.15}$$

薄膜的 Green-Lagrange 应变为

$$E = E_{\alpha\beta} G^\alpha \otimes G^\beta = \frac{1}{2}(F^T \cdot F - I) \tag{6.16}$$

由应力－应变关系，得第二 Piola-Kirchhoff 应力 S 为

$$S = C:E \ \text{或者} \ S^{\alpha\beta} = C^{\alpha\beta\xi\eta} E_{\xi\eta} \tag{6.17}$$

式中，$S^{\alpha\beta}$ 和 $C^{\alpha\beta\xi\eta}$ 分别代表 S 和 C 的逆变分量，即

$$S = S^{\alpha\beta} G_\alpha \otimes G_\beta \tag{6.18}$$

$$C = C^{\alpha\beta\xi\eta} G_\alpha \otimes G_\beta \otimes G_\xi \otimes G_\eta \tag{6.19}$$

式（6.19）是用局部标准正交基表示的薄膜应力－应变张量分量，这里，G_α、G_β 等表示与膜表面相切的标准正交基，当薄膜的应变假设很小时，各向同性膜的 $C^{\alpha\beta\xi\eta}$ 分量可以用下列熟悉的形式表示

$$\begin{bmatrix} C^{1111} & C^{1122} & C^{1112} \\ C^{2211} & C^{2222} & C^{2212} \\ C^{1211} & C^{1222} & C^{1212} \end{bmatrix} = \frac{E}{1-\nu^2} \begin{bmatrix} 1 & \nu & 0 \\ \nu & 1 & 0 \\ 0 & 0 & (1-\nu)/2 \end{bmatrix} \tag{6.20}$$

则得到薄膜张拉的柯西（Cauchy）应力为

$$\sigma = (1/\det F) F \cdot S \cdot F^T \tag{6.21}$$

6.4 褶皱处理

6.4.1 松弛状态

如图 6.4 所示，薄膜发生松弛和褶皱后，用假想平均表面代替变形后构型 Ω_t。薄膜的松弛或褶皱，当且仅当薄膜上任意一点没有任何方向的拉伸时，薄膜处于松弛状态，即

$$a \cdot E \cdot a \leqslant 0 \quad \text{或者} \quad a^\xi a^\eta E_{\xi\eta} \leqslant 0 \tag{6.22}$$

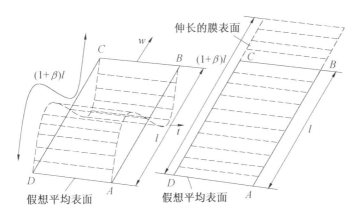

图 6.4 褶皱薄膜及其展开示意图

这里,**a** 是一个与变形前构型 Ω_0 相切的任意非零向量,令

$$a^1 = r_1 \cos \theta, a^2 = r_1 \sin \theta, r_1 \neq 0 \tag{6.23}$$

将式(6.23)代入式(6.22)中,得到

$$\frac{E_{11} + E_{22}}{2} + \frac{E_{11} - E_{22}}{2} \cos 2\theta + E_{12} \sin 2\theta \leqslant 0, \quad \forall \theta \tag{6.24}$$

利用广义莫尔圆,得到了 Ω_t 变形薄膜上任意一点的松弛条件为

$$E_{11} + E_{22} \leqslant 0 \quad \text{且} \quad E_{11} E_{22} - E_{12} E_{12} \geqslant 0 \tag{6.25}$$

说明在松弛的区域,真正的应变和压力都消失了。

6.4.2 张紧状态

当且仅当 Ω_t 上任意一点受到任何方向的张力时,膜上某一点处于张紧状态,即

$$\boldsymbol{b} \cdot \boldsymbol{\sigma} \cdot \boldsymbol{b} \geqslant 0 \tag{6.26}$$

其中 **b** 是一个任意与 Ω_t 相切的非零向量,将式(6.21)代入式(6.26)中可得

$$\hat{\boldsymbol{b}} \cdot \boldsymbol{S} \cdot \hat{\boldsymbol{b}} \geqslant 0 \quad \text{或者} \quad b_\alpha b_\beta S^{\alpha\beta} \geqslant 0 \tag{6.27}$$

这里 $\hat{\boldsymbol{b}} = \boldsymbol{b} \cdot \boldsymbol{F}$,与 Ω_0 相切,使用莫尔圆,得到了 Ω_t 上任意一点张紧的条件为

$$S^{11} + S^{22} \geqslant 0 \quad \text{且} \quad S^{11} S^{22} - S^{12} S^{12} \geqslant 0 \tag{6.28}$$

在薄膜张紧区域,实际应变和应力与名义应变和应力相同。在这种情况下,传统的薄膜理论是适用的。

6.4.3 褶皱状态

如果 Ω_t 上某一点既不松弛也不张紧,则薄膜一定是皱巴巴的。这是一种单

轴拉伸状态,其中一个主 Cauchy 应力是拉应力,而另一个主拉应力为零。设 t 表示拉伸主应力方向的单位向量,w 表示另一个主拉应力方向的主应力为零的单位向量。t 和 w 也分别表示沿褶皱方向和垂直于褶皱方向。因此满足

$$w = w_\alpha g^\alpha, w \cdot w = 1 \tag{6.29}$$

$$t = t_\alpha g^\alpha = t^\alpha g_\alpha, t \cdot t = 1 \tag{6.30}$$

$$t \cdot w = t^\alpha w_\alpha = 0 \tag{6.31}$$

如果褶皱薄膜在 Ω_t 某一点上垂直褶皱方向被拉伸时,薄膜会发生刚体运动,直至褶皱消失。在刚体运动过程中,格林(Green)应变不发生变化,而 Cauchy 应力随着薄膜发生相同的刚体运动。因此,当褶皱刚刚消失时,伸长的膜表面仍处于单轴拉伸状态,主应力大小和方向不变。在图 6.4 中,曲面 $ABCD$ 表示围绕 Ω_t 某点的褶皱曲面,曲面 $ABCD$ 代表假想表面,曲面 $AB'C'D$ 代表延伸后表面。当褶皱刚刚消失时,延伸后表面的变形梯度为

$$\tilde{F} = (I + \beta ww) \cdot F \tag{6.32}$$

式中,β 为衡量褶皱数量指标的拉伸率。根据定义知 $\beta > 0$,褶皱表面的 Green 应变 $\tilde{E}$ 与延伸后表面的 Green 应变相等,即

$$\tilde{E} = \frac{1}{2}(\tilde{F}^T \cdot \tilde{F} - I) = E + \frac{1}{2}\beta(2+\beta)\hat{w}\hat{w} \tag{6.33}$$

这里,

$$\tilde{E} = \tilde{E}_{\alpha\beta}g^\alpha g^\beta, \tilde{E}_{\alpha\beta} = E_{\alpha\beta} + \frac{1}{2}\beta(2+\beta)w_\alpha w_\beta, \hat{w} = w \cdot F = w_\alpha G^\alpha \tag{6.34}$$

$$E_{\alpha\beta} = \frac{1}{2}(g_{\alpha\beta} - G_{\alpha\beta}), G_{\alpha\beta} = G_\alpha \cdot G_\beta, g_{\alpha\beta} = g_\alpha \cdot g_\beta$$

延伸表面上第二 Piola-Kirchho 应力为

$$\tilde{S} = H(\tilde{E}) \tag{6.35}$$

或

$$\tilde{S} = \tilde{S}^{\alpha\beta}G_\alpha G_\beta \tag{6.36}$$

延伸表面上的 Cauchy 应力为

$$\tilde{\sigma} = \tilde{J}^{-1}\tilde{F} \cdot \tilde{S} \cdot \tilde{F}^T \tag{6.37}$$

这里,

$$\tilde{\boldsymbol{J}}^{-1} = \det(\tilde{\boldsymbol{F}}) = \sqrt{\det(\tilde{\boldsymbol{F}}^{\mathrm{T}}\tilde{\boldsymbol{F}})} = \sqrt{\det(2\tilde{\boldsymbol{E}} + \boldsymbol{I})} = \sqrt{\boldsymbol{G}^{-1} \,|\, 2\tilde{E}_{\alpha\beta} + G_{\alpha\beta}\,|} > 0 \tag{6.38}$$

当褶皱刚刚消失时,延伸表面仍处于单轴拉伸状态,Cauchy 应力 $\tilde{\boldsymbol{\sigma}}$ 还满足以下条件:

$$\tilde{\boldsymbol{\sigma}} \cdot \boldsymbol{w} = 0 \tag{6.39}$$

$$\boldsymbol{t} \cdot \tilde{\boldsymbol{\sigma}} \cdot \boldsymbol{t} > 0 \tag{6.40}$$

将式(6.37)代入式(6.39)、(6.40)中,并注意到

$$\boldsymbol{w} \cdot \tilde{\boldsymbol{F}} = (1+\beta)\boldsymbol{w} \cdot \boldsymbol{F}, \boldsymbol{t} \cdot \tilde{\boldsymbol{F}} = \boldsymbol{t} \cdot \boldsymbol{F} \tag{6.41}$$

得到与式(6.39)和式(6.40)等价的条件:

$$\tilde{\boldsymbol{S}} \cdot \hat{\boldsymbol{w}} = 0 \tag{6.42}$$

$$\hat{\boldsymbol{t}} \cdot \tilde{\boldsymbol{S}} \cdot \hat{\boldsymbol{t}} > 0 \tag{6.43}$$

这里,

$$\hat{\boldsymbol{t}} = \boldsymbol{t} \cdot \boldsymbol{F} = t_\alpha \boldsymbol{G}^\alpha \tag{6.44}$$

向量 $\hat{\boldsymbol{t}}$ 和 $\hat{\boldsymbol{w}}$ 是 Ω_0 的切线。不像 $\boldsymbol{t}$ 和 $\boldsymbol{w}$,这些向量不一定是标准正交的,但仍然是线性无关的。由式(6.42)可知,$\hat{\boldsymbol{w}}$ 沿主应力 $\tilde{\boldsymbol{S}}$ 消失的方向。设 $\boldsymbol{n}$ 表示 $\tilde{\boldsymbol{S}}$ 在另一个主方向上的单位向量。由此可见,

$$\boldsymbol{n} = n^\alpha \boldsymbol{G}_\alpha, \boldsymbol{n} \cdot \boldsymbol{n} = 1, \boldsymbol{n} \cdot \hat{\boldsymbol{w}} = n^\alpha w_\alpha = 0 \tag{6.45}$$

以及

$$\tilde{\boldsymbol{S}} = \tilde{S}_1 \boldsymbol{n}\boldsymbol{n} \tag{6.46}$$

式中,$\tilde{S}_1$ 为 $\tilde{\boldsymbol{S}}$ 沿 $\boldsymbol{n}$ 的主应力。

向量 $\hat{\boldsymbol{t}}$ 可以被分解为

$$\hat{\boldsymbol{t}} = c_1 \hat{\boldsymbol{w}} + c_2 \boldsymbol{n}, c_2 \neq 0 \tag{6.47}$$

将式(6.47)代入式(6.43)中,得到

$$\hat{\boldsymbol{t}} \cdot \tilde{\boldsymbol{S}} \cdot \hat{\boldsymbol{t}} = c_2^2 \boldsymbol{n} \cdot \tilde{\boldsymbol{S}} \cdot \boldsymbol{n} = c_2^2 \tilde{S}_1 \tag{6.48}$$

这意味着式(6.43)等效于

$$\tilde{S}_1 > 0 \tag{6.49}$$

对于弹性材料，应变能应为正，因此要求

$$\tilde{S} : \tilde{E} > 0 \tag{6.50}$$

因为

$$\tilde{S} : \tilde{E} = (\tilde{S}_1 nn) : \left[E + \frac{1}{2}\beta(2+\beta)\hat{w}\hat{w} \right] = S_1 n \cdot E \cdot n \tag{6.51}$$

所以，条件式(6.49)等效于

$$n \cdot E \cdot n > 0 \tag{6.52}$$

同时，式(6.42)等效于

$$\hat{w} \cdot \tilde{S} \cdot \hat{w} = 0 \tag{6.53}$$

$$v \cdot \tilde{S} \cdot \hat{w} = 0 \tag{6.54}$$

这里，v 是任意与 Ω_0 相切的矢量，且与 $\hat{w}$ 线性无关。

总之，对于褶皱薄膜，有下列条件适用：

$$\hat{w} \cdot \tilde{S} \cdot \hat{w} = 0 \quad \text{或者} \quad w_a w_\beta \tilde{S}^{a\beta} = 0 \tag{6.55}$$

$$v \cdot \tilde{S} \cdot \hat{w} = 0 \quad \text{或者} \quad v_a w_\beta \tilde{S}^{a\beta} = 0 \tag{6.56}$$

$$n \cdot E \cdot n > 0 \quad \text{或者} \quad n^a n^\beta E_{a\beta} > 0 \tag{6.57}$$

这些条件可以简化为

$$s_1 = \cos\theta, s_2 = \sin\theta, s_1' = -\sin\theta, s_2' = \cos\theta \tag{6.58}$$

$$w_1 = \alpha s_1, w_2 = \alpha s_2, \alpha \neq 0 \tag{6.59}$$

使用式(6.45)，得到

$$n^1 = r_2 s_1', n^2 = r_2 s_2', r_2 \neq 0 \tag{6.60}$$

w_a 与 v_a 线性无关，因此满足

$$v_1 = r_3 s_1', v_2 = r_3 s_2', r_3 \neq 0 \tag{6.61}$$

将式(6.59)代入式(6.34)中，得

$$\tilde{E}_{\xi\eta} = E_{\xi\eta} + \gamma s_\xi s_\eta, \gamma = \frac{1}{2}\alpha^2\beta(2+\beta) \tag{6.62}$$

由于 $\beta > 0$，因此 $\gamma > 0$。

将式(6.59)～(6.62)和式(6.35)代入式(6.55)～(6.57)中，得到薄膜发生褶皱的条件为

$$s_a s_\beta \tilde{S}^{a\beta} = 0 \tag{6.63}$$

$$s'_\alpha s_\beta \widetilde{S}^{\alpha\beta} = 0 \tag{6.64}$$

$$s'_\alpha s'_\beta E_{\alpha\beta} > 0 \tag{6.65}$$

两个方程式(6.63)和式(6.64)，两个未知数 γ 和 θ，同时需要满足不等式约束条件(6.65)和 $\gamma > 0$ 的要求。

6.4.4　褶皱方向

对于一般弹性材料，式(6.63)和式(6.64)是非线性耦合的。然而，如果材料遵循广义胡克(Hooke)定律，它们可以被解耦，即

$$\boldsymbol{S} = \boldsymbol{C} : \boldsymbol{E}, \widetilde{\boldsymbol{S}} = \boldsymbol{C} : \widetilde{\boldsymbol{E}}, \boldsymbol{C} = C^{\alpha\beta\xi\eta}\boldsymbol{G}_\alpha\boldsymbol{G}_\beta\boldsymbol{G}_\xi\boldsymbol{G}_\eta \tag{6.66}$$

式中，$\boldsymbol{C}$ 是弹性模量张量。该本构方程适用于大位移、大旋转且小应变的薄膜。将式(6.66)和式(6.62)代入式(6.63)和式(6.64)中，得到

$$s_\alpha s_\beta S^{\alpha\beta} + \gamma s_\alpha s_\beta C^{\alpha\beta\xi\eta}\boldsymbol{s}_\xi\boldsymbol{s}_\eta = 0 \tag{6.67}$$

$$s'_\alpha s_\beta S^{\alpha\beta} + \gamma s'_\alpha s_\beta C^{\alpha\beta\xi\eta}\boldsymbol{s}_\xi\boldsymbol{s}_\eta = 0 \tag{6.68}$$

求解式(6.67)得

$$\gamma = -\frac{\boldsymbol{s}_\xi\boldsymbol{s}_\eta S^{\xi\eta}}{\boldsymbol{s}_\sigma\boldsymbol{s}_\zeta C^{\sigma\zeta\tau\upsilon}\boldsymbol{s}_\tau\boldsymbol{s}_\upsilon} \tag{6.69}$$

因为分母总是正的，$\gamma > 0$ 等价于

$$\boldsymbol{s}_\sigma\boldsymbol{s}_\zeta S^{\sigma\zeta} < 0 \tag{6.70}$$

将式(6.69)代入式(6.68)得到

$$f(\theta) = s'_\alpha s_\beta S^{\alpha\beta} - \frac{\boldsymbol{s}_\xi\boldsymbol{s}_\eta S^{\xi\eta}}{\boldsymbol{s}_\sigma\boldsymbol{s}_\zeta C^{\sigma\zeta\tau\upsilon}\boldsymbol{s}_\tau\boldsymbol{s}_\upsilon} s'_\alpha s_\beta C^{\alpha\beta\lambda\pi}\boldsymbol{s}_\lambda\boldsymbol{s}_\pi = 0 \tag{6.71}$$

这是一个含有未知变量 θ 的非线性方程。注意，在用式(6.71)求解 θ 之前，可以找到满足式(6.65)和式(6.70)这两个不等式的 θ 集合。由于式(6.22)和式(6.27)不一定对有褶皱的膜才成立，必须有一个 θ 的范围，使式(6.65)和式(6.70)都满足。这符合用于判断褶皱状态的判据。展开第一个不等式(6.65)，利用三角关系式，可得

$$\frac{E_{11} + E_{22}}{2} + \frac{E_{22} - E_{11}}{2}\cos 2\theta - E_{12}\sin 2\theta > 0 \tag{6.72}$$

由广义莫尔圆，不等式(6.65)的解为

$$\{\theta_1^E - \theta_0^E + 2k\pi < 2\theta < \theta_2^E - \theta_0^E + 2k\pi, k \in \boldsymbol{Z}\} \tag{6.73}$$

式中，$\mathbf{Z}$ 表示所有整数的集合。

$$\cos \theta_0^E = \frac{E_{22} - E_{11}}{2R_E}, \cos \theta_1^E = -\frac{E_{11} + E_{22}}{2R_E}, \cos \theta_2^E = \frac{E_{11} + E_{22}}{2R_E} \quad (6.74a)$$

$$\sin \theta_0^E = \frac{E_{12}}{R_E}, \sin \theta_1^E = -\frac{\sqrt{E_{12}E_{12} - E_{11}E_{22}}}{R_E}, \sin \theta_2^E = \frac{\sqrt{E_{12}E_{12} - E_{11}E_{22}}}{R_E}$$

$$(6.74b)$$

以及

$$R_E = \sqrt{\left(\frac{E_{11} - E_{22}}{2}\right)^2 + E_{12}E_{12}} \quad (6.75)$$

因此角度 θ_0^E、θ_1^E 和 θ_2^E 在 $[-\pi, \pi]$ 范围内有唯一解。

类似地，展开式 (6.70) 并利用三角关系，可以得到

$$\boldsymbol{g}_\alpha = \sum_{I=1}^q h_\alpha^I = \frac{\partial \boldsymbol{h}^{\mathrm{T}}}{\partial \xi^\alpha}$$

$$\frac{S^{11} + S^{22}}{2} + \frac{S^{11} - S^{22}}{2}\cos 2\theta + S^{12}\sin 2\theta < 0 \quad (6.76)$$

式中，$h_\alpha^I = \dfrac{\partial h^I}{\partial \xi^\alpha}$。

依据广义莫尔圆，不等式 (6.70) 的解为

$$\{\theta_1^S - \theta_0^S + 2k\pi < 2\theta < \theta_2^S - \theta_0^S + 2(k+1)\pi, k \in \mathbf{Z}\} \quad (6.77)$$

这里，

$$\cos \theta_0^S = \frac{S^{11} - S^{22}}{R_S}, \cos \theta_1^S = -\frac{S^{11} + S^{22}}{2R_S}, \cos \theta_2^S = \frac{S^{11} + S^{22}}{2R_S} \quad (6.78a)$$

$$\sin \theta_0^S = -\frac{S^{12}}{R_S}, \sin \theta_1^S = \frac{\sqrt{S^{12}S^{12} - S^{11}S^{22}}}{R_S}, \sin \theta_2^S = -\frac{\sqrt{S^{12}S^{12} - S^{11}S^{22}}}{R_S}$$

$$(6.78b)$$

以及

$$R_S = \sqrt{\left(\frac{S^{11} - S^{22}}{2}\right)^2 + S^{12}S^{12}} \quad (6.79)$$

角度 θ_0^S、θ_1^S 和 θ_2^S 在 $[-\pi, \pi]$ 范围内有唯一解。

注意，只需在半莫尔圆中求解 θ，半圆取 $-\pi - \theta_0^E \leqslant 2\theta < \pi - \theta_0^E$，在此半圆里，分别用 Q_E，Q_S 表示两个不等式解的区间，即

$$Q_E = \{\theta_1^E - \theta_0^E < 2\theta < \theta_2^E - \theta_0^E\} \quad (6.80)$$

令 $\theta_1 = \mathrm{mod}((\theta_1^S - \theta_0^S + \theta_0^E + \pi), 2\pi), \theta_2 = \mathrm{mod}((\theta_2^S - \theta_0^S + \theta_0^E + \pi), 2\pi)$

式中 $0 < \theta_1, \theta_2 < 2\pi$;

$$Q_S = \begin{cases} \{\theta_1 - \pi - \theta_0^E < 2\theta < \theta_2 - \pi - \theta_0^E\} \theta_1 < \theta_2 \\ \{\theta_1 - \pi - \theta_0^E < 2\theta < \pi - \theta_0^E \ 或 -\pi - \theta_0^E < 2\theta < \theta_2 - \pi - \theta_0^E\} \theta_1 > \theta_2 \end{cases}$$

在 $Q_E \bigcap Q_S$ 范围内,式(6.71) 有唯一解 θ。

6.4.5　褶皱应力

当 θ 确定后,就能得到 $\widetilde{\boldsymbol{S}}$ 和 $\widetilde{\boldsymbol{E}}$,从而得到 $\widetilde{\boldsymbol{\sigma}}$,首先注意到

$$\widetilde{\boldsymbol{\sigma}} = t \widetilde{\boldsymbol{\sigma}}_1 t \tag{6.81}$$

由式(6.30)、式(6.31) 和式(6.59),有

$$t = t^a \boldsymbol{g}_a, t^1 = s'_1 / \sqrt{g_{\alpha\beta} \boldsymbol{s}'_\alpha \boldsymbol{s}'_\beta}, t^2 = s'_2 / \sqrt{g_{\alpha\beta} \boldsymbol{s}'_\alpha \boldsymbol{s}'_\beta} \tag{6.82}$$

沿方向 t 的非零主应力为

$$\widetilde{\boldsymbol{\sigma}}_1 = t \cdot \widetilde{\boldsymbol{\sigma}} \cdot t = \widetilde{\boldsymbol{J}}^{-1} \hat{t} \cdot \widetilde{\boldsymbol{S}} \cdot \hat{t} = \widetilde{\boldsymbol{J}}^{-1} g_{\alpha\xi} t^{\xi} g_{\beta\eta} t^{\eta} \widetilde{\boldsymbol{S}}^{\alpha\beta} = (g_{\sigma\tau} s'_\sigma s'_\tau \widetilde{\boldsymbol{J}})^{-1} g_{\alpha\xi} s'_\xi g_{\beta\eta} s'_\eta \widetilde{\boldsymbol{S}}^{\alpha\beta} \tag{6.83}$$

注意,$\widetilde{\boldsymbol{\sigma}}$ 不是在假想表面上的应力,而是在伸长表面上的应力。除了刚体运动外,它与褶皱面上的应力是一样的。

6.5　有限元实现

6.5.1　薄膜单元的几何形状

本文采用全拉格朗日公式和位移等参有限元公式。假设在欧氏空间中存在一个固定的笛卡儿坐标系,其标准正交基向量为 $\boldsymbol{e}_i$。考虑一个具有自然坐标系的薄膜单元,(ξ^1, ξ^2) 作为其随体坐标系。在 Ω_0 和 Ω_t 的坐标插值和位移插值是

$$\boldsymbol{X} = \sum_{I=1}^q h^I \boldsymbol{X}^I, \boldsymbol{x} = \sum_{I=1}^q h^I \boldsymbol{x}^I, \boldsymbol{u} = \sum_{I=1}^q h^I \boldsymbol{u}^I \tag{6.84}$$

式中,h^I 是第 I 个节点的插值函数;q 是该单元的节点总数。Ω_0 和 Ω_t 的自然坐标系的协变基向量是

$$G_a = \sum_{I=1}^{q} h_a^I \boldsymbol{X}^I , \boldsymbol{g}_a = \sum_{I=1}^{q} h_a^I \boldsymbol{x}^I \tag{6.85}$$

这里,

$$h_a^I = \frac{\partial h^I}{\partial \xi^a} \tag{6.86}$$

有了单元上的任何一点的这些基本量,则张紧、松弛或褶皱状态及其应变和应力可以通过前面的理论得到。

6.5.2　褶皱薄膜的虚功原理

一般来说,非线性有限元公式都是基于虚功原理推导出来的。牛顿—拉夫逊迭代是通过对虚功方程的线性和离散,得到切线刚度矩阵和内力。因此在本小节,运用全拉格朗日公式通过对褶皱薄膜的虚功方程推导出切线刚度矩阵作为基本方程。

当薄膜是张紧状态时,虚功方程采用一般形式表示为

$$\int_V (\boldsymbol{S} : \delta \boldsymbol{E}) \mathrm{d}V = \delta \boldsymbol{R} \tag{6.87}$$

式中,V 表示褶皱薄膜的体积;$\delta \boldsymbol{R}$ 表示外力虚功;δ 表示由虚位移引起的变化。执行牛顿—拉夫逊迭代,式(6.87)左边被线性化。

线性化的形式表示为

$$\int_V (\boldsymbol{S} : \delta \boldsymbol{E}) \mathrm{d}V = \int_V (\dot{\boldsymbol{S}} : \delta \boldsymbol{E}) \mathrm{d}V + \int_V \boldsymbol{S} : (\dot{\delta \boldsymbol{E}}) \mathrm{d}V \tag{6.88}$$

这里,上标点表示材料的时间导数,将应力应变关系式(6.66)及其增量形式

$$\dot{\boldsymbol{S}} = \boldsymbol{C} : \dot{\boldsymbol{E}} \tag{6.89}$$

代入式(6.88)中,得

$$\int_V (\boldsymbol{S} : \delta \boldsymbol{E}) \mathrm{d}V = \int_V (\boldsymbol{C} : \dot{\boldsymbol{E}}) : \delta \boldsymbol{E} \, \mathrm{d}V + \int_V (\boldsymbol{C} : \boldsymbol{E}) : (\dot{\delta \boldsymbol{E}}) \mathrm{d}V \tag{6.90}$$

薄膜张紧区域的切向刚度可以通过对式(6.89)的离散得到。

当薄膜发生褶皱时,虚功方程(6.87)改写成

$$\int_V \boldsymbol{S}' : \delta \boldsymbol{E}' \mathrm{d}V = \int_V \boldsymbol{S}' : (\delta \boldsymbol{E} + \delta \boldsymbol{E}_w) \mathrm{d}V = \delta \boldsymbol{R} \tag{6.91}$$

如果对式(6.91)采用直接有限元离散方法得到的表达式非常复杂,则采用

下列形式能得到简化的形式。

式(6.42)意味着 $\hat{\boldsymbol{w}}$ 是 $\tilde{\boldsymbol{S}}$ 的主应力方向,对应的主应力为零。因此,修改的第二 Piola — Kirchhoff 应力 $\tilde{\boldsymbol{S}}$ 分解为

$$\delta\boldsymbol{E}_w = \frac{1}{2}\beta(\beta+2)(\delta\hat{\boldsymbol{w}}\cdot\boldsymbol{t}=0\otimes\hat{\boldsymbol{w}}+\hat{\boldsymbol{w}}\otimes\delta\hat{\boldsymbol{w}})+(\beta+1)\delta\beta(\hat{\boldsymbol{w}}\otimes\hat{\boldsymbol{w}})$$

$$\tilde{\boldsymbol{S}}=\boldsymbol{0}\cdot\hat{\boldsymbol{w}}\otimes\hat{\boldsymbol{w}}+S_1'\boldsymbol{t}\otimes\boldsymbol{t}=S_1'\boldsymbol{t}\otimes\boldsymbol{t} \tag{6.92}$$

式中,$\boldsymbol{t}$ 是与 $\hat{\boldsymbol{w}}$ 垂直的另一个主应力方向,S_1' 是与 $\boldsymbol{t}$ 对应的主应力值。

同时,褶皱虚应变 $\delta\boldsymbol{E}_w$ 由公式(6.33)得到

$$\delta\boldsymbol{E}_w = \frac{1}{2}\beta(\beta+2)(\delta\hat{\boldsymbol{w}}\otimes\hat{\boldsymbol{w}}+\hat{\boldsymbol{w}}\otimes\delta\hat{\boldsymbol{w}})+(\beta+1)\delta\beta(\hat{\boldsymbol{w}}\otimes\hat{\boldsymbol{w}}) \tag{6.93}$$

将式(6.92)、(6.93)代入式(6.91)中,并注意到

$$\hat{\boldsymbol{w}}\cdot\boldsymbol{t}=0$$

因此得到虚功方程的简化形式为

$$\int_V \boldsymbol{S}':(\delta\boldsymbol{E}+\delta\boldsymbol{E}_w)\mathrm{d}V = \int_V \boldsymbol{S}':\delta\boldsymbol{E}\,\mathrm{d}V = \delta\boldsymbol{R} \tag{6.94}$$

式(6.94)意味着褶皱的虚应变 $\delta\boldsymbol{E}_w$ 对内力虚功没有贡献。这可以解释为褶皱应变对应于褶皱薄膜在拉伸过程中的刚体转动,不会改变薄膜的应变能。为了得到切线刚度矩阵,线性化公式(6.94)的左边得到

$$\int_V \boldsymbol{S}':\delta\boldsymbol{E}\,\mathrm{d}V = \int_V (\dot{\boldsymbol{S}}':\delta\boldsymbol{E})\mathrm{d}V + \int_V \boldsymbol{S}':(\dot{\delta\boldsymbol{E}})\mathrm{d}V$$

$$= \int_V (\boldsymbol{C}:\dot{\boldsymbol{E}}'):\delta\boldsymbol{E}\,\mathrm{d}V + \int_V (\boldsymbol{C}:\boldsymbol{E}'):(\dot{\delta\boldsymbol{E}})\mathrm{d}V \tag{6.95}$$

6.5.3 程序实现及算例

基于以上推导的公式,用 Fortran 语言编写薄膜结构的褶皱分析程序,程序的流程图如图 6.5 所示。

算例:矩形平面薄膜如图 6.6 所示,长 2 m,宽 1 m,边界 2 固定,边界 1、3 自由,边界 4 有剪切位移 $d=5$ mm。薄膜厚度为 5×10^{-3} mm,弹性模量为 2.5×10^9 Pa,泊松比为 0.3,分析中,薄膜单元选择 9 节点薄膜单元,划分单元数为 48 个,如图 6.7 所示。

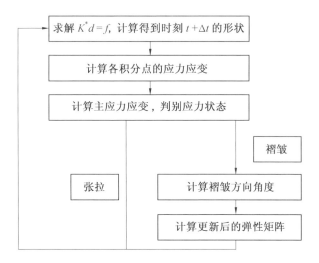

图 6.5　褶皱分析程序流程图

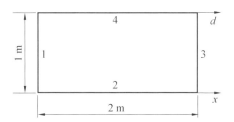

图 6.6　矩形薄膜尺寸及边界

4	70	71	72	73	74	75	76	77	78	5	178	179	180	181	182	183	184	185	186	3
7	33	95	102	108	113	117	120	22	123	79	141	203	210	216	221	225	228	230	231	187
8	34	32	94	101	107	112	116	119	121	80	142	140	202	209	215	220	224	227	229	188
9	35	42	31	93	100	106	111	115	118	81	143	150	139	201	208	214	219	223	226	189
10	36	43	49	30	92	99	105	110	114	82	144	151	157	138	200	207	213	218	222	190
11	37	44	50	55	29	91	98	104	109	83	145	152	158	163	137	199	206	212	217	191
12	38	45	51	56	60	28	90	97	103	84	146	153	159	164	168	136	198	205	211	192
13	39	46	52	57	61	64	27	89	96	85	147	154	160	165	169	172	135	197	204	193
14	40	47	53	58	62	65	67	26	88	86	148	155	161	166	170	173	175	134	196	194
15	41	48	54	59	63	66	68	69	25	87	149	156	162	167	171	174	176	177	133	195
1	16	17	18	19	20	21	22	23	24	6	124	125	126	127	128	129	130	131	132	2

图 6.7　薄膜单元划分及节点编号

利用本章所述方法,分析褶皱的区域和方向,分析结果如图 6.8 所示,除角点附近发生松弛外,薄膜各点发生褶皱,褶皱方向与边界 2 成 45°角,图中各积分点处的短线段表示褶皱方向,角点附近松弛点无此短线段。

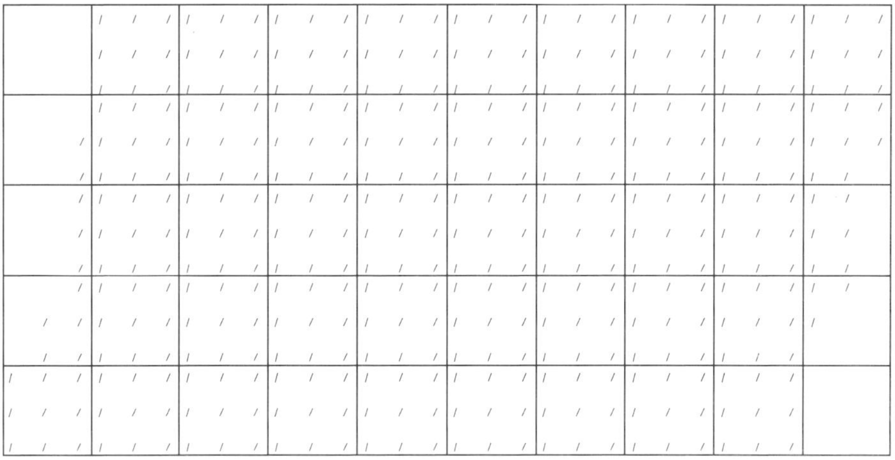

图 6.8　褶皱区域及方向

6.6　本章小结

基于张力场理论,本章对空间薄膜结构的褶皱进行了分析,主要结论如下。

(1)利用张力场判断空间薄膜应力的 3 种受力状态:张紧、褶皱和松弛。判别准则除了采用主应力准则、主应变准则、混合准则外,还可以采用应变能密度函数来进行判别。

(2)采用综合判别法判别各积分点的应力状态,对于褶皱区域,将应变分为弹性应变和褶皱应变。

(3)基于张力场理论预测褶皱,推导了褶皱区域的基本方程式和必要条件,由必要条件确定褶皱方向角的求解范围,通过求解基本方程式确定褶皱的方向角,并通过对薄膜结构褶皱和松弛区域修正应力应变关系矩阵的方法进行求解。

(4)通过算例验证此方法的正确性,并分析充气可展开天线反射面的褶皱发生情况。结果表明本章的分析方法收敛性好,能正确预测褶皱方向和区域。

 第 7 章

基于显式动力法的空间薄膜结构的褶皱分析

由于学者们对于薄膜结构褶皱的研究开始得较早,在漫长的研究过程中出现过许多的研究实例,采用过多种多样的研究手段,形成了大量的理论,这些理论是往后研究的基础。在众多的理论中具有代表性的、比较经典的理论主要包括张力场理论、薄壳理论、基于渐变傅里叶级数方法和有限质点理论。商业有限元软件在薄膜结构褶皱研究上的优势十分明显,它在数据的收集方面比试验更为全面,在数据的分析处理方面更为方便快捷,在研究成本上更为经济。目前应用有限元软件研究褶皱行为最常用的方法有非线性屈曲法、直接干扰法和显式动力法。

7.1 空间薄膜结构褶皱分析的基本理论及方法

7.1.1 薄膜结构褶皱研究理论

1.张力场理论

张力场理论是处理褶皱问题的一种近似理论,是一种简化的处理方法,它是

基于以下几条假设提出的。

①忽略材料的抗弯刚度、薄膜平面外的变形,无压应力和弯曲应力。

②一旦结构出现压应力,出现压应力的部位立刻进入褶皱状态。

③褶皱出现的部位材料处于单轴拉伸状态,该部位的最大主应力大于零,最小主应力等于零。

基于张力场理论形成了以下 4 种分析方法。

(1)可变泊松比法。

将整个薄膜结构分为张拉区域和褶皱区域,对于张拉区域,膜材的两个主应力都是拉应力,直接运用一般平面问题求解平衡方程即可。对于褶皱区域,在沿褶皱方向膜材受拉,垂直褶皱方向膜材受压,并且其受压收缩程度超过给定泊松比的计算结果,利用泊松比的变化来修正该区域的本构关系矩阵,可得到考虑褶皱现象对结构影响的本构关系,进而求解。薄膜结构褶皱区域的本构关系为

$$
\begin{Bmatrix} \sigma_x \\ \sigma_y \\ \tau_{xy} \end{Bmatrix} = \frac{E}{1-\lambda^2} \begin{bmatrix} 1 & \lambda & 0 \\ \lambda & 1 & 0 \\ 0 & 0 & \dfrac{1-\lambda}{2} \end{bmatrix} \begin{Bmatrix} \varepsilon_x \\ \varepsilon_y \\ \gamma_{xy} \end{Bmatrix} \tag{7.1}
$$

式中,E 为弹性模量;λ 为可变泊松比。

(2)修改刚度矩阵法。

可变泊松比法分析褶皱问题具有一定的局限性,由式(7.1)可以看出,当 $|\lambda| \to 1$ 时,$\dfrac{E}{1-\lambda^2} \to \infty$,那么褶皱区域本构关系矩阵将会出现混乱。基于这一点,学者们对可变泊松比法进行修正,提出了用应变关系代替可变泊松比 λ,进而推导出由应变表达的薄膜结构褶皱单元的本构关系矩阵为

$$
\begin{Bmatrix} \sigma_x \\ \sigma_y \\ \tau_{xy} \end{Bmatrix} = \frac{E}{4} \begin{bmatrix} 2(1+P) & 0 & Q \\ 0 & 2(1-P) & Q \\ Q & Q & 1 \end{bmatrix} \begin{Bmatrix} \varepsilon_x \\ \varepsilon_y \\ \gamma_{xy} \end{Bmatrix} \tag{7.2}
$$

式中,

$$
P = (\varepsilon_x - \varepsilon_y)/(\varepsilon_1 - \varepsilon_2),Q = \gamma_{xy}/(\varepsilon_1 - \varepsilon_2)
$$

此方法又被称为 IMP(interactive membrane properties) 法,此方法同样有局限性,当薄膜结构有大量松弛单元出现时,将会遇到计算上的收敛问题。

（3）松弛应变能密度法。

引入伸长率，重新定义张拉区、褶皱区和松弛区，通过使用应变能密度函数推导出薄膜结构的应变能密度函数表达式。

薄膜结构褶皱区域为

$$\omega(\lambda_1,\lambda_2,\lambda_3)=\frac{E}{6}(\lambda_1^2+\lambda_2^2+\lambda_3^2-3) \tag{7.3}$$

薄膜结构非褶皱区域为

$$\omega(\lambda_1,\lambda_2)=\frac{E}{6}\left(\lambda_1^2+\lambda_2^2+\frac{1}{\lambda_1^2\lambda_2^2}-3\right) \tag{7.4}$$

式中，λ_1、λ_2、λ_3 分别为 3 个方向的主伸长率，其中 λ_3 为膜材厚度方向的伸长率且 $\lambda_3=\frac{1}{\lambda_1\lambda_2}$；$E$ 为弹性模量。

对于平面应力状态（$\sigma_3=0$），未变形薄膜结构应力为

$$f_1=t\sigma_1=t\frac{\partial\omega}{\partial\lambda_1}=\frac{Et}{3}\left(\lambda_1-\frac{1}{\lambda_1^3\lambda_2^2}\right) \tag{7.5}$$

$$f_2=t\sigma_2=t\frac{\partial\omega}{\partial\lambda_2}=\frac{Et}{3}\left(\lambda_2-\frac{1}{\lambda_1^2\lambda_2^3}\right) \tag{7.6}$$

当发生单向褶皱，$f_2=0$ 时，$\lambda_2=\frac{1}{\sqrt{\lambda_1}}$。

由上述公式推导出张力场中松弛应变能形式为

$$\omega\left(\lambda_1,\frac{1}{\sqrt{\lambda_1}}\right)=\frac{E}{6}\left(\lambda_1^2+\frac{2}{\lambda_1}-3\right) \tag{7.7}$$

最后，松弛应变能密度表述为

$$\omega(\lambda_1,\lambda_2)=\begin{cases}\frac{E}{6}\left(\lambda_1^2+\lambda_2^2+\frac{1}{\lambda_1^2\lambda_2^2}-3\right), & \lambda_1>1、\lambda_2>\frac{1}{\sqrt{\lambda_1}}\\[2mm]\frac{E}{6}\left(\lambda_1^2+\frac{2}{\lambda_1}-3\right), & \lambda_1\geqslant1、\lambda_2<\frac{1}{\sqrt{\lambda_1}}\\[2mm]0, & \lambda_1<1、\lambda_2<1\end{cases} \tag{7.8}$$

（4）修正本构关系矩阵法。

在单向褶皱区域，其应力应变关系近似等同于无褶皱时的单向受拉状态。故单轴受拉的应力应变关系可以作为褶皱区域的本构关系。在单向褶皱状态下，本构关系矩阵应力应变关系为

$$\begin{Bmatrix} \sigma_1 \\ \sigma_2 \\ \sigma_3 \end{Bmatrix} = \overline{D^*} \begin{Bmatrix} E_1 \\ E_2 \\ \gamma_{12} \end{Bmatrix} + \begin{Bmatrix} \sigma_0 \\ \sigma_0 \\ \tau_0 \end{Bmatrix} \qquad (7.9)$$

当薄膜结构出现褶皱时,最小主应力和剪应力都为零,此时褶皱区域应力应变关系为

$$\sigma_1 = aE_1 + b \qquad (7.10)$$

式中,

$$a = \frac{1}{D_{23}{}^* D_{32}{}^* - D_{22}{}^* D_{33}{}^*} \{ D_{11}{}^* (D_{23}{}^* D_{32}{}^* - D_{22}{}^* D_{33}{}^*) +$$

$$D_{12}{}^* (D_{21}{}^* D_{33}{}^* - D_{23}{}^* D_{31}{}^*) + D_{13}{}^* (D_{31}{}^* D_{22}{}^* - D_{21}{}^* D_{32}{}^*) \}$$

$$b = \frac{1}{D_{23}{}^* D_{32}{}^* - D_{22}{}^* D_{33}{}^*} (D_{12}{}^* D_{33}{}^* - D_{13}{}^* D_{32}{}^*) \sigma_0 + \sigma_0$$

相应的本构关系矩阵为

$$\overline{D} = \begin{bmatrix} a & 0 & 0 \\ 0 & \varphi a & 0 \\ 0 & 0 & \varphi a \end{bmatrix}$$

式中,φ 为避免刚度矩阵出现奇异而设定的较小值。

2. 薄壳理论

基于膜材厚度往往远小于其结构尺寸,其长细比突出,膜材的抗弯刚度小,膜材表面的褶皱现象实质上是结构的一种失稳,因此可以用屈曲分析方法来处理。假定薄膜曲面上的正交曲线族与其投影面上对应的曲线族并无分别,即曲面高斯曲率为零,建立以下几个基本方程。

(1)几何方程。

$$\left. \begin{aligned} \varepsilon_1 &= \frac{\partial u}{\partial x} - k_1 \omega + \frac{1}{2} \left(\frac{\partial \omega}{\partial x} \right)^2 \\ \varepsilon_2 &= \frac{\partial v}{\partial y} - k_2 \omega + \frac{1}{2} \left(\frac{\partial \omega}{\partial y} \right)^2 \\ \gamma_{12} &= \frac{\partial u}{\partial y} - \frac{\partial v}{\partial x} k_2 \omega + \frac{\partial \omega}{\partial x} \frac{\partial \omega}{\partial y} \end{aligned} \right\} \qquad (7.11)$$

式中，u、v、w 分别为薄膜中面 α、β、γ 方向的位移；ε_1、ε_2、γ_{12} 分别为薄膜中面上的线应变和角应变；k_1、k_2 分别为两个方向上的主曲率。

（2）应变连续性方程。

$$\frac{\partial^2 \varepsilon_1}{\partial y^2} + \frac{\partial^2 \varepsilon_2}{\partial y^2} - \frac{\partial^2 \gamma_{12}}{\partial x \partial y} = \left(\frac{\partial^2 \omega}{\partial x \partial y}\right)^2 - \frac{\partial^2 \omega}{\partial x^2} - \frac{\partial^2 \omega}{\partial y^2} - k_2 \frac{\partial^2 \omega}{\partial x^2} - k_1 \frac{\partial^2 \omega}{\partial y^2} \quad (7.12)$$

（3）物理方程。

$$N_1 = \frac{Eh}{1-\mu^2}(\varepsilon_1 + \mu \varepsilon_2)$$

$$N_2 = \frac{Eh}{1-\mu^2}(\varepsilon_2 + \mu \varepsilon_1)$$

$$N_{12} = \frac{Eh}{2(1+\mu)}\gamma_{12}$$

$$M_1 = -D\left(\frac{\partial^2 \omega}{\partial x^2} + \mu \frac{\partial^2 \omega}{\partial y^2}\right) \quad (7.13)$$

$$M_2 = -D\left(\frac{\partial^2 \omega}{\partial y^2} + \mu \frac{\partial^2 \omega}{\partial x^2}\right)$$

$$M_{12} = -D(1-\mu)\frac{\partial^2 x}{\partial x \partial y}$$

（4）大挠度问题的基本方程。

在建立平衡方程时考虑挠度 ω 值，忽略 u 与 v 的影响，得大挠度问题的基本方程为

$$\frac{D}{h}\nabla^2\nabla^2\omega = L(\omega,\Phi) + k_2\frac{\partial^2 \Phi}{\partial x^2} + k_1\frac{\partial^2 \Phi}{\partial y^2} + \frac{Z}{h}$$

$$\frac{1}{E}\nabla^2\nabla^2\Phi = -\frac{1}{2}L(\omega,\omega) - k_2\frac{\partial^2 \omega}{\partial x^2} - k_1\frac{\partial^2 \Phi}{\partial y^2} \quad (7.14)$$

式中，Φ 为艾雷应力函数，通过下式引入：

$$\sigma_1 = \frac{\partial^2 \Phi}{\partial y^2}, \sigma_2 = \frac{\partial^2 \Phi}{\partial x^2}, \tau_{12} = -\frac{\partial^2 \Phi}{\partial x \partial y}$$

∇^2 和 L 为微分算子，表达式为

$$\nabla^2 = \frac{\partial}{\partial x^2} + \frac{\partial}{\partial y^2}$$

$$L(\alpha,\beta) = \frac{\partial^2 \alpha}{\partial x^2}\frac{\partial^2 \beta}{\partial y^2} + \frac{\partial^2 \alpha}{\partial y^2}\frac{\partial^2 \beta}{\partial x^2} - 2\frac{\partial^2 \alpha}{\partial x \partial y}\frac{\partial^2 \beta}{\partial y \partial x}$$

3. 基于渐变傅里叶级数方法

基于冯·卡门大挠度板模型建立的褶皱模型如图 7.1 所示，其中矩形薄板面内尺寸分别为 a 和 b，板厚为 h。

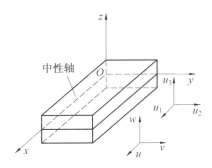

图 7.1　矩形薄板简图

该模型基本假设如下。

（1）板是薄板，即 $h \ll a, h \ll b$。

（2）挠度 ω 的幅值与板厚度 h 是同一量级，是薄板面内尺寸 a 和 b 的无穷小量，$|\omega| = o(h)$。

（3）各点的挠度小，$\left|\dfrac{\partial \omega}{\partial x}\right| \ll 1$，$\left|\dfrac{\partial \omega}{\partial y}\right| \ll 1$。

（4）所有应变都是小应变，因此材料满足胡克定律。

（5）克希霍夫假设成立，即中面法向上的应力可以忽略不计，应变沿着板厚度方向线性变化。对于薄板，这些假设与工程应用十分符合。在板法向作用分布载荷或集中载荷时，在中面法向上的应力需要考虑。

（6）在冯·卡门假设中，面内位移 $\boldsymbol{u}, \boldsymbol{v}$ 都是小量；在应变位移关系中，只考虑依赖于 ω 的线性项，而由 $\boldsymbol{u}, \boldsymbol{v}$ 产生的非线性项忽略不计。

对于各向同性材料，该模型可以写成如下形式：

$$\begin{cases} D\Delta^2 \omega - \operatorname{div}(\boldsymbol{N}\,\nabla\boldsymbol{\omega}) = 0 \\ \boldsymbol{N} = L^m \cdot \boldsymbol{\gamma} \\ 2\boldsymbol{\gamma} = \nabla\boldsymbol{u} + \nabla\boldsymbol{u}^{\mathrm{T}} + \nabla\boldsymbol{\omega} \otimes \nabla\boldsymbol{\omega} \\ \operatorname{div} \boldsymbol{N} = 0 \end{cases} \tag{7.15}$$

式中，h 为薄膜厚度；D 为材料的抗弯刚度，$D = \dfrac{Eh^3}{12(1-\nu^2)}$；$\boldsymbol{u} = (u, v) \in \mathbf{R}^2$ 为薄

膜中面的面内位移；ω 为中面的挠度变形。

总弹性应变能由张拉应变能和弯曲应变能两部分组成，即

$$\varepsilon_{\text{mem}}(u,v,w) = \frac{Eh}{2(1-\nu^2)} \times$$

$$\iint \left\{ \left[\frac{\partial u}{\partial x} + \left(\frac{\partial w}{\partial x} \right)^2 + q^2 w^2 \right]^2 + \left[\frac{\partial v}{\partial y} + \left(\frac{\partial w}{\partial y} \right)^2 \right]^2 + \right.$$

$$2(1-\nu)\left[\frac{1}{2}\left(\frac{\partial u}{\partial x} + \frac{\partial v}{\partial y} \right) + \frac{\partial w}{\partial x}\frac{\partial w}{\partial y} \right]^2 +$$

$$\left. 2\nu \left[\frac{\partial u}{\partial x} + \left(\frac{\partial w}{\partial x} \right)^2 + q^2 w^2 \right] \left[\frac{\partial v}{\partial y} + \left(\frac{\partial w}{\partial y} \right)^2 \right] \right\} \mathrm{d}\omega \qquad (7.16)$$

式中，h 为膜材厚度；E、ν 分别为弹性模量和泊松比，u、v、w 分别为 x、y、z 方向的位移；q 为失稳波数。

$$\varepsilon_{\text{ben}}(w) = D\iint \left\{ q^4 w^4 - 2q^2 w\Delta w + 4q^2 \left(\frac{\partial w}{\partial x} \right)^2 + 2(1-\nu)q^2 \left[w\frac{\partial^2 w}{\partial y^2} + \left(\frac{\partial w}{\partial y} \right)^2 \right] \right\} \mathrm{d}\omega$$

$$(7.17)$$

式中，$D = \dfrac{Eh^3}{12(1-\nu^2)}$。

4. 有限质点理论

采用有限质点理论分析结构问题时主要有两部分工作：一部分是采用点值来描述结构受力后的运动行为，建立问题的控制方程式；另一部分是分析点之间的相互作用关系，获得求解运动控制方程所需的内力项。它是基于以下几条假设成立的。

（1）用一组离散的构件空间点的点值来描述连续结构的参数；点之间的参数值用一组标准化的内插函数来计算，函数需要满足构件作为物理连续体的条件；空间点的总数和配置应使得点之间的变形近似于均匀状态。

（2）用一组特定时间点的点值来描述质点的运动过程，时间点之间的变化过程用一组控制方程式来计算；时间点的总数和配置应使得在每个时段内结构的变形均很小。

（3）运动控制方程中的质点间相互作用力仅与纯变形相关，通过一个基于物理模式的虚拟逆向运动过程来扣除总位移中的刚体运动分量，简化纯变形的计算。其运动控制方程为

$$\boldsymbol{M}_\beta \ddot{\boldsymbol{d}}_\beta = \boldsymbol{F}_\beta^{\text{ext}} - \boldsymbol{F}_\beta^{\text{int}} \tag{7.18}$$

式中，$\boldsymbol{M}_\beta$ 为质点的广义质量矩阵；$\ddot{\boldsymbol{d}}_\beta$ 为质点 β 的加速度向量；$\boldsymbol{F}_\beta^{\text{ext}}$、$\boldsymbol{F}_\beta^{\text{int}}$ 分别为质点上的广义内力和广义外力合向量。

7.1.2　薄膜褶皱的有限元分析方法

非线性屈曲法、直接扰动法和显式动力法是有限元软件研究薄膜褶皱最常用的 3 种方法。

1. 非线性屈曲法

非线性屈曲法是通过模态屈曲分析得到薄膜结构的屈曲模态，把模态的线性组合作为几何初始缺陷添加到薄膜结构中，从而触发褶皱的形成。采用牛顿－拉夫逊算法，初始几何缺陷通过面外变形的方式添加到薄膜上，组成方式为

$$\Delta z = \sum_i \omega_i \varphi_i \tag{7.19}$$

式中，Δz 为面外位移值；ω_i 为第 i 阶模态；φ_i 为折减系数。折减系数和屈曲模态的选取对结果的影响很小。非线性屈曲法分析流程如图 7.2(a) 所示，其特点是建模过程复杂，分析过程烦琐，在分析过程中比较容易出现不收敛的情况，需要反复调整参数，进行多次重启动分析。

2. 直接扰动法

直接扰动法是直接在薄膜结构上施加一组垂直于薄膜平面、方向彼此相反随机分布的小载荷，以使薄膜产生一定的面外变形，以此作为初始几何缺陷，触发褶皱的产生。偶然载荷的取值应较小，与膜材厚度为同一数量级最为合适，正反两面偶然载荷的数量应相等，刚好抵消，偶然载荷的分布情况对模拟结果的影响很小。在满足下式的情况下撤去面外扰动力最为合适。

$$\begin{cases} \boldsymbol{\delta}_1 = \boldsymbol{\delta}_1' + \boldsymbol{\delta}_1'' \\ \boldsymbol{\delta}_1 = 1.6\boldsymbol{\delta}_2 \end{cases} \tag{7.20}$$

式中，$\boldsymbol{\delta}_1$ 为总载荷；$\boldsymbol{\delta}_2$ 为预载；$\boldsymbol{\delta}_1'$ 为撤去扰动力时的载荷；$\boldsymbol{\delta}_1''$ 为撤去扰动力后的载荷。直接扰动法分析流程如图 7.2(b) 所示，其特点是建模过程较为简单，但计算量大，分析过程烦琐，收敛困难，需要多次进行参数调整和重启动分析。

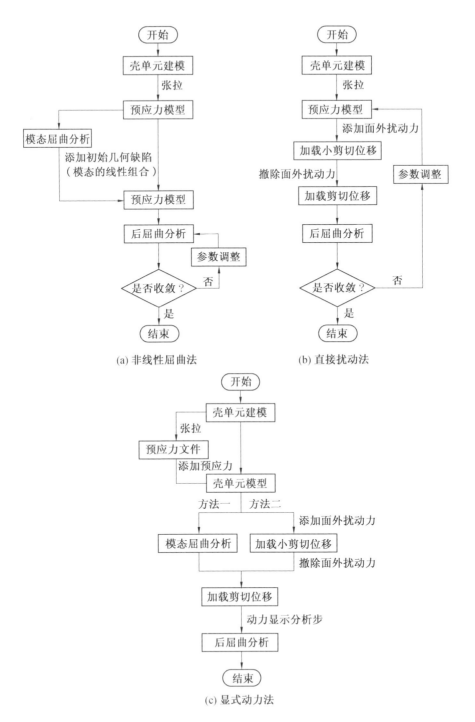

图 7.2　3 种方法流程图

3. 显式动力法

显式动力法不需要采用特殊的手段触发褶皱的形成,但需要利用特征模态或者直接施加一组垂直于薄膜平面、方向彼此相反随机分布的小载荷来扰动网格,使得薄膜结构的变形更光滑,更符合实际。后屈曲分析采用显式动力分析方法,即采用显式中心差分法对运动方程进行求解,第 $n+1$ 时刻的位移用中心差分法表示为

$$\begin{cases} \dot{\boldsymbol{u}}^{(n+1/2)} = \dot{\boldsymbol{u}}^{(n-1/2)} + \dfrac{1}{2}\ddot{\boldsymbol{u}}^{(n)}\left(\Delta t^{(n+1/2)} - \Delta t^{(n-1/2)}\right) \\[2mm] \boldsymbol{u}^{(n+1)} = \boldsymbol{u}^{(n)} + \dot{\boldsymbol{u}}^{(n+1/2)}\Delta t^{(n+1/2)} \\[2mm] \ddot{\boldsymbol{u}}^{(n)} = \boldsymbol{M}^{-1} \cdot \left(\boldsymbol{P}^{(n)} - \boldsymbol{I}^{(n)}\right) \end{cases} \qquad (7.21)$$

式中,$\boldsymbol{u}$ 为位移;$\dot{\boldsymbol{u}}$ 为速度;$\ddot{\boldsymbol{u}}$ 为加速度;$\boldsymbol{M}$ 为质量矩阵;$\boldsymbol{P}$ 为载荷向量;$\boldsymbol{I}$ 为内力向量;$\Delta t^{(n+1/2)} = t^{(n+1)} - t^{(n)}$;$\Delta t^{(n-1/2)} = t^{(n)} - t^{(n-1)}$。

而有限元格式的常微分方程为

$$\boldsymbol{M}\ddot{\boldsymbol{U}} = \boldsymbol{F} \qquad (7.22)$$

式中,$\boldsymbol{F} = \boldsymbol{f}^{\text{ext}} - \boldsymbol{f}^{\text{int}}$,其中 $\boldsymbol{f}^{\text{int}} = \displaystyle\int_V \boldsymbol{B}^{\text{T}}\sigma \mathrm{d}V$ 为内力矢量,$\boldsymbol{B}$ 为单位几何矩阵或 $\boldsymbol{B}$ 矩阵;$\boldsymbol{f}^{\text{ext}} = \displaystyle\int_V \boldsymbol{N}^{\text{T}}\rho\boldsymbol{b}\,\mathrm{d}V + \displaystyle\int_A \boldsymbol{N}_t \mathrm{d}A$ 为外力矢量,$\boldsymbol{N}$ 为形函数矩阵,$\boldsymbol{b}$ 为体积力列向量;$\boldsymbol{M}$ 为质量矩阵,与时间无关,只需在初始时刻计算,$\boldsymbol{M} = \displaystyle\int_V \rho\boldsymbol{N}^{\text{T}}\boldsymbol{N}\mathrm{d}V = \displaystyle\int_{V_0} \rho_0\boldsymbol{N}^{\text{T}}\boldsymbol{N}\mathrm{d}V_0$,$V_0$ 为初始体积,ρ_0 为初始密度。

将式(7.21)代入式(7.22)中,即可求得时间离散点上的解。

显示动力法分析流程如图 7.2(c)所示,其特点是没有采用整体切线刚度矩阵,不需要平衡迭代和收敛控制。此方法分析速度快,建模和分析过程简单,容易收敛。

4.三种方法的比较

(1)矩形受剪切薄膜实例验证。

如图 7.3 所示,矩形 Kapton 薄膜长×宽＝380 mm×128 mm,厚度为 0.05 mm,弹性模量、泊松比分别为 3 530 MPa 和 0.34,密度为 1 400 kg/m³。边界条件为固定 AB、CD 两长边,AC、BD 两短边仅固定旋转自由度,通过张拉薄膜 AB 边产生预应力,张拉距离为 $\delta_2 = 0.1$ mm,将 AB 边水平向右移动 $\delta_1 = 2$ mm,以形成剪切变形。单元网格划分均为 3 mm×3 mm。分别建立非线性屈曲法模型、直接扰动法模型、显式动力法模型,得到非线性屈曲法和显式动力法合适的屈曲模态如图 7.4 所示,直接扰动法的面外扰动如图 7.5 所示。经过后屈曲分析,统计了 3 种模拟方法得到的褶皱信息和中间部位的面外变形,3 种模拟方法的褶皱信息和试验的褶皱信息比较见表 7.1 所列。

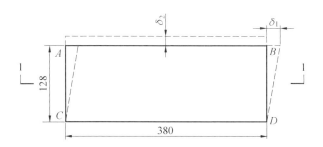

图 7.3　矩形薄膜简图

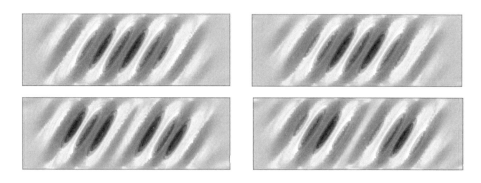

图 7.4　模态云图(张拉距离取 0.5 mm,彩图见附录)

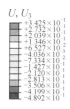

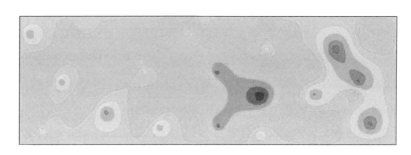

图 7.5　面外扰动图(彩图见附录)

表 7.1　褶皱信息表

实验结果	褶皱数量 /个	中部褶 皱幅值 /mm	中部褶皱 1—1 截面波长 /mm	中部褶皱 剪切角度 /(°)
试验值	13	0.481	25.7	
非线性屈曲法结果	13	0.489	27.1	45.5
直接扰动法结果	13	0.472	24.7	45.5
显式动力法(屈曲)结果	13	0.487	25.6	45.5
显式动力法(扰动)结果	13	0.476	26.4	45.5

注意:中部褶皱位置如图所示(彩图见附录)

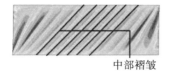

中部褶皱

图 7.6～7.9 分别为 3 种方法与试验的 1—1 截面面外变形对比。

可以看出,保持边界条件、加载情况、几何形状、薄膜厚度、材料属性、网格划分密度、预应力大小等主要褶皱影响因素不变,3 种方法与试验相比褶皱数量相同,3 种方法的中部褶皱剪切角度相近。非线性屈曲法、直接扰动法、显式动力法(屈曲)、显式动力法(扰动)中部褶皱幅值分别为 0.489 mm、0.472 mm、0.487 mm、0.476 mm,与试验值 0.481 mm 相比,分别增加 1.7%、减小 1.9%、增加 1.2%、减小 1%。中部褶皱波长分别为 27.1 mm、24.7 mm、25.6 mm、26.4 mm,与试验值 25.7 mm 相比,分别增大 5.4%、减小 3.9%、减小 0.4%、增大 2.7%。

截面 1—1 的面外变形图像都与试验较吻合,但边缘部分存在较大差异。非线性屈曲法和直接扰动法都经过了多次参数调整和重启动分析才使得结果收敛,而显式动力法没有遇到不收敛问题。比较而言,显式动力法具有较大的优势,模型简单,计算速度快,比其他两种方法更容易收敛。

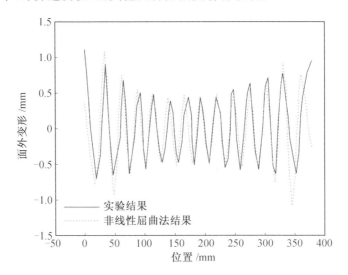

图 7.6　非线性屈曲法与试验的面外变形对比

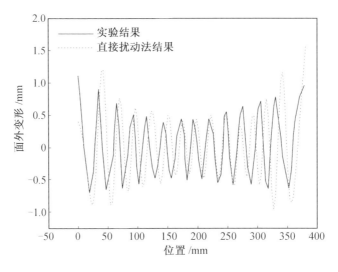

图 7.7　直接扰动法与试验的面外变形对比

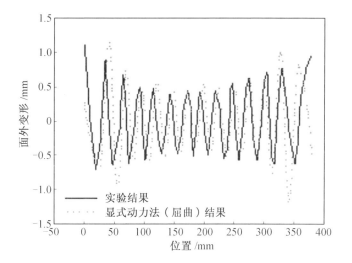

图 7.8　显式动力法(屈曲)与试验的面外变形对比

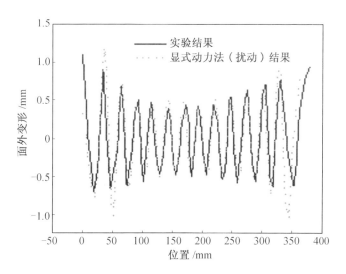

图 7.9　显式动力法(扰动)与试验的面外变形对比

（2）环形受扭薄膜实例验证。

环形 Kapton 薄膜内径为 50 mm，外径为 250 mm，膜材属性见表 7.2 所列。边界条件为外圆完全固定，内圆与转轴绑定，转轴仅能在面内绕 O 点转动，载荷施加情况为给转轴施加转动位移，试验简图如图 7.10 所示。分别建立非线性屈曲法模型、直接扰动法模型、显式动力法模型，得到非线性屈曲法和显式动力法合适的屈曲模态云图如图 7.11 所示，直接扰动法的面外扰动如图 7.12 所示。

统计了 3 种模拟方法得到的褶皱构型、分布形式和发展规律。

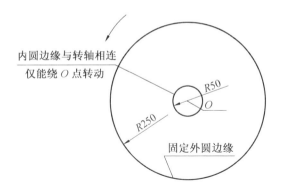

图 7.10　环形受扭转试验简图

表 7.2　膜材参数表

膜材名称	密度/(kg · m⁻³)	泊松比	弹性模量/MPa
聚氨酯	1 400	0.3	67

图 7.11　模态云图(彩图见附录)

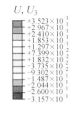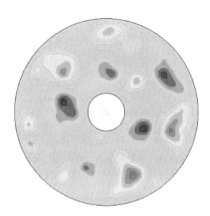

图 7.12　面外扰动图(彩图见附录)

图 7.13～7.15 分别为扭转角度为 10°、15°和 20°时 3 种方法与试验的褶皱构型对比,可以看出,在分布规律和褶皱构型上 3 种方法的结果和试验结果表现出了一致性,褶皱呈放射状分布,由内圆向外圆发散开来,随着扭转角度的增大,褶皱数量和长度都有所增加。在褶皱数量和长度上,3 种方法的结果和试验结果表现出极小的差异性。与矩形受剪切模拟相似,非线性屈曲法和直接扰动法在收敛问题上有很大的困难,都经过了多次参数调整和重启动分析才使得结果收敛,而显式动力法整个分析计算都是一次完成,不需要进行重启动分析。

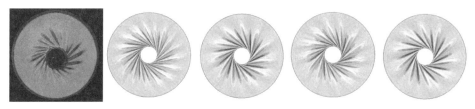

图 7.13　扭转角度为 10°,试验、非线性屈曲法、直接扰动法、显式动力法(屈曲)、显式动力法(扰动)褶皱对比图(彩图见附录)

图 7.14　扭转角度为 15°,试验、非线性屈曲法、直接扰动法、显式动力法(屈曲)、显式动力法(扰动)褶皱对比图(彩图见附录)

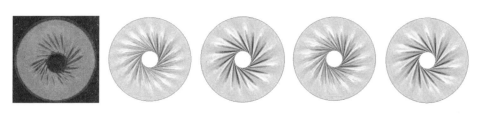

图 7.15　扭转角度为 20°,试验、非线性屈曲法、直接扰动法、显式动力法(屈曲)、显式动力法(扰动)褶皱对比图(彩图见附录)

7.2 环形受扭转空间薄膜的褶皱分析

7.2.1 概述

褶皱影响因素研究不管对理论的深入研究还是薄膜结构的实际应用都有着十分重要的意义。本节对经典的环形受扭模型进行仿真模拟,通过设置不同工况研究模型中褶皱的几个主要影响因素。

7.2.2 基本模型

环形 Kapton 薄膜内径为 50 mm,外径为 300 mm,弹性模量、泊松比分别为 3 580 MPa 和 0.34,密度为 1 420 kg/m³。边界条件为外圆完全固定,内圆与转轴固定,转轴仅能绕 O 点转动,载荷施加情况为给转轴施加转动位移,模型简图如图 7.16 所示。分别在不同网格密度划分、不同膜材厚度、不同转动位移 3 种工况下对褶皱的形成全过程进行模拟。

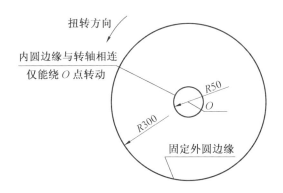

图 7.16 环形受扭模型简图

7.2.3 建模方法

本算例模型计算量较大,过程烦琐,计算次数较大,适用显式动力法进行模拟。建模步骤如下。

(1)内圆圆心 O 与内圆边缘设置绑定连接,完全固定内圆圆心,对外圆边缘

施加壳的边载荷 $\delta_2 = -0.1$ N/mm，产生预应力，生成 ODB 文件，此步骤采用静力通用分析步。

（2）将 ODB 文件导入模型并添加扰动力，以显式动力分析步替换静力通用分析步并撤去壳的边载荷，完全固定外圆边缘，对内圆圆心 O 施加扭转位移 $\delta_1' = 0.05$ rad。

（3）撤去扰动力，对内圆圆心 O 施加扭转位移 δ_1''。

7.2.4　不同工况结果分析与讨论

1. 不同网格尺寸

保持膜材厚度 $t = 0.05$ mm，扭转角度 $\delta_1 = 0.5$ rad 不变，改变单元网格的划分，单元网格划分与褶皱数量的关系如图 7.17 所示。

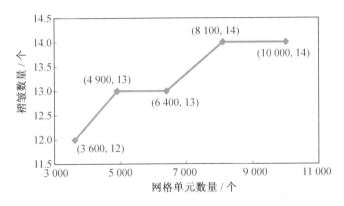

图 7.17　网格单元数量与褶皱数量的关系

当网格单元数量为 3 600 个时，褶皱数量为 12 个；当网格单元数量为 4 900 个和 6 400 个时，褶皱数量为 13 个，比最初增加了 1 个；当网格单元数量为 8 100 个和 10 000 个时，褶皱数量为 14 个，又增加了 1 个。由此可见，褶皱数量随着网格划分精密程度的细化而略有增加。

距 O 点 100 mm 的圆形截面处褶皱平均波长与网格单元数量的关系如图 7.18 所示。当网格单元数量为 3 600 个时，褶皱波长约为 52.5 mm；当网格单元数量为 4 900 个和 6 400 个时，褶皱波长约为 48.5 mm，比最初减小 4 mm；当网格单元数量为 8 100 个和 10 000 个时，褶皱波长约为 45 mm，又减小 3.5 mm；由此可见，褶皱波长随着网格划分精密程度的细化而略有减小。

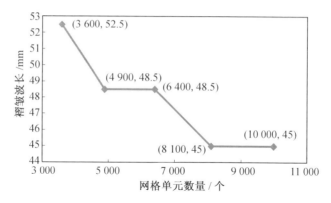

图 7.18　网格单元数量与褶皱平均波长的关系

网格单元数量与褶皱幅值的关系如图 7.19 所示。当网格单元数量为 3 600 个时,褶皱幅值约为 4.3 mm;当网格单元数量为 4 900 个时,褶皱幅值约为 4.15 mm,减小 0.15 mm;当网格单元数量为 6 400 个时,褶皱幅值约为 3.85 mm,减小 0.3 mm;当网格单元数量为 8 100 个时,褶皱幅值约为 3.7 mm,减小 0.15 mm;当网格单元数量为 10 000 个时,褶皱幅值约为 3.68 mm,减小 0.02 mm。由此可知,褶皱幅值随着网格划分精密程度的细化而略有减小,当网格划分达到一定精度时,褶皱幅值趋于稳定。

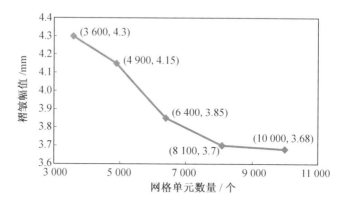

图 7.19　网格单元数量与褶皱幅值的关系

其原因是模型的网格划分越精密,其结果与真实值越接近。模型网格划分过于粗糙,虽然计算机的运算量较小,软件运算过程也容易收敛,但模拟得出的结果也就越粗糙,缺乏可靠度。当模型网格划分得太过精细时,虽然其得到的结果与真实结果很接近,但需要耗费大量的人力与物力,花费更多的时间,也是不必要的。故既要保证模拟的可靠度,达到研究所需的要求,又要考虑合理性,不能一味地追求精确度。

2. 不同膜材厚度

保持网格单元数量为 6 400 个,扭转角度 $\delta_1 = 0.5$ rad 不变,改变膜材厚度,膜材厚度与褶皱数量的关系如图 7.20 所示。膜材厚度为 0.025 mm 时,褶皱数量为 18 个;膜材厚度为 0.05 mm 时,褶皱数量为 16 个,减少 2 个;膜材厚度为 0.075 mm时,褶皱数量为 15 个,减少 1 个;膜材厚度为0.1 mm时,褶皱数量为 12 个,减少 3 个;膜材厚度为 0.125 mm 时,褶皱数量保持不变,仍为 12 个。由此可知,膜材厚度对褶皱数量的影响较为明显,褶皱数量随着膜材厚度的增加而减少。

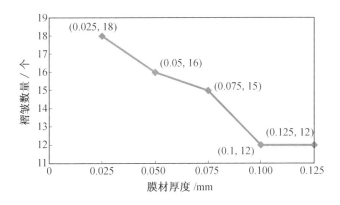

图 7.20 膜材厚度与褶皱数量的关系

膜材厚度与褶皱波长的关系如图 7.21 所示。膜材厚度为 0.025 mm 时,褶皱波长约为 34.89 mm;膜材厚度为 0.05 mm 时,褶皱波长约 39.25 mm,增大 4.36 mm;膜材厚度为 0.075 mm 时,褶皱波长约 41.87 mm,增大2.62 mm;膜材厚度为 0.1 mm 时,褶皱波长约 52.33 mm,增大10.46 mm;膜材厚度为 0.125 mm时,褶皱波长保持不变。由此可知,膜材厚度对褶皱波长的影响也较为明显,褶皱波长随着膜材厚度的增加而增加。

距 O 点 100 mm 的圆形截面处褶皱幅值与膜材厚度的关系如图 7.22 所示。当膜材厚度为 0.025 mm 时,幅值为 3.1 mm;当膜材厚度为 0.05 mm 时,幅值为 3.4 mm,增大 0.3 mm;当膜材厚度为 0.075 mm 时,幅值为 3.6 mm,增大 0.2 mm;当膜材厚度为 0.1 mm 时,幅值为 4.2 mm,增大 0.6 mm;当膜材厚度

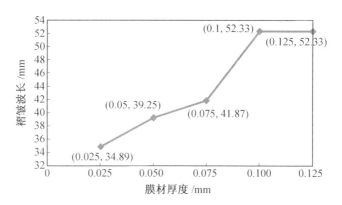

图 7.21　膜材厚度与褶皱波长的关系

为 0.125 mm 时,幅值为 4.5 mm,增大 0.3 mm。由此可知,膜材厚度对褶皱幅值的影响较为明显,幅值随着膜材厚度的增加而增大。

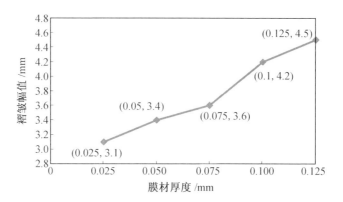

图 7.22　膜材厚度与褶皱幅值的关系

膜材厚度的增加使得薄膜的抗弯刚度增大,会阻碍褶皱的形成,故褶皱的数量会减小,波长会增大。同时,膜材厚度越大,阻碍褶皱演化形成新的二次褶皱的能力越强,所以幅值由于褶皱演化形成更多更小的新褶皱而降低的现象越少,褶皱幅值就会越大。

3. 不同扭转角度

保持网格单元数量为 6 400 个,膜材厚度 $t = 0.05$ mm 不变,改变扭转角度,当扭转角度为 0.3 rad、0.35 rad、0.4 rad、0.45 rad 时,褶皱数量保持不变,均为 13 个;当扭转角度为 0.5 rad 时,褶皱数量为 15 个,增加 2 个,如图 7.23 所示。

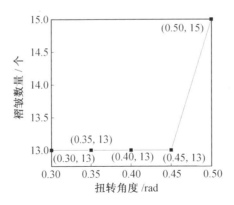

图 7.23　扭转角度与褶皱数量的关系

褶皱波长与扭转角度的关系如图 7.24 所示。当扭转角度为 0.3 rad、0.35 rad、0.4 rad、0.45 rad 时,褶皱波长保持不变,均为 48.5 mm;当扭转角度为 0.5 rad 时,褶皱波长为 42 mm,减小 6.5 mm。由此可知,扭转角度对褶皱数量有较为明显的影响,褶皱数量随着扭转角度的增大而增加;对褶皱波长也有较为明显的影响,褶皱波长随着扭转角度的增大而减小。但扭转角度在很小范围内变化时,褶皱数量和波长保持不变。

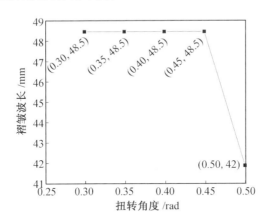

图 7.24　褶皱波长与扭转角度的关系

距 O 点 100 mm 的圆形截面处褶皱幅值与扭转角度的关系如图 7.25 所示。当膜材扭转角度为 0.3 rad 时,幅值为 3.2 mm;当膜材扭转角度为 0.35 rad 时,幅值为 3.35 mm,增大 0.15 mm;当膜材扭转角度为 0.4 rad 时,幅值为 3.5 mm,增大 0.15 mm;当膜材扭转角度为 0.45 rad 时,幅值为 3.58 mm,增大

0.08 mm；当膜材扭转角度为 0.5 rad 时，幅值为 3.63 mm，增大 0.05 mm。由此可知，扭转角度对褶皱幅值的影响较为明显，褶皱幅值随扭转角度的增大而增大。

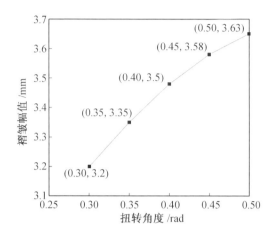

图 7.25　扭转角度与褶皱幅值的关系

随着扭转角度的增大，褶皱逐渐形成，并且逐渐演化形成更多的褶皱，所以褶皱数量会增加，波长会减小。扭转角度在一定范围内变化时，褶皱数量和波长并没有变化，其原因是褶皱还没有完成演化过程。在褶皱数量不发生较大变化的情况下，扭转角度的增大导致面外变形增大，褶皱幅值也就相应地增大。

4.不同工况的分析与讨论

随着网格单元划分精密程度的提高，褶皱数量略有增加，波长和幅值略有减小，但影响很小。变化到一定程度后，数量、波长和幅值都趋于稳定。

膜材厚度对褶皱行为的影响较大，褶皱数量随着膜材厚度的增加而减小，波长和幅值则增加。

对褶皱行为影响最明显的是扭转角度，褶皱数量随着扭转角度的增加而增加，波长随着扭转角度的增加而减小，幅值随着扭转角度的增加而增加。

7.3　矩形受剪切空间薄膜的褶皱分析

7.3.1　概述

薄膜褶皱形成过程中弹性应变能和主应力分布分析,对于褶皱形成机理的探究及褶皱的预测与控制有着重要意义,有助于实际工程中薄膜结构规避高弹性应变能带来的破坏力,以及为薄膜结构的设计提供参考。但是国内外文献对褶皱产生时弹性应变能和应力的分布和影响的研究很少。本节以商业有限元软件 ABAQUS 对矩形薄膜受剪切褶皱的弹性应变能密度和主应力分布及原因进行分析,以便为实际工程的褶皱分析提供参考。

7.3.2　试验概况

如图 7.26 所示,矩形 Kapton 薄膜,长 380 mm,宽 128 mm,厚 0.05 mm,膜材参数见表 7.3 所列。边界条件为固定 AB、CD 两长边,AC、BD 两短边仅固定旋转自由度,通过张拉薄膜 AB 边产生预应力,张拉距离为 $\delta_2 = 0.5$ mm。将 AB 边水平向右移动规定距离,以形成剪切变形。

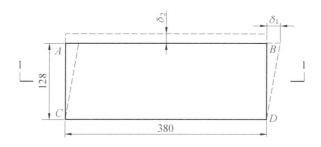

图 7.26　矩形薄膜简图

表 7.3　膜材参数表

膜材名称	密度/(kg · m^{-3})	泊松比	弹性模量/MPa
Kapton	1 420	0.34	3 580

7.3.3 有限元模型

采用显式动力法建立模型,步骤如下。

(1)固定 AB、CD 两长边,AC、BD 两短边仅固定旋转自由度,通过张拉薄膜 AB 边产生预应力,张拉距离为 $\delta_2 = 0.5$ mm,使膜材产生张拉预应力并生成预应力 ODB 文件。

(2)将预应力 ODB 文件通过预定义场导入模型中,在 O 点施加 Z 轴方向合适的扭矩,进行模态屈曲分析,选取屈曲模态进行线性组合,作为初始几何缺陷。

(3)添加初始缺陷,使用显式动力分析方法进行后屈曲分析。

7.3.4 矩形受剪切薄膜褶皱弹性应变能与主应力分析

1.主应力和薄膜应变能

根据张力场理论,薄膜褶皱状态基于主应力的判断准则如下。

①当 $\sigma_2 \geqslant 0$ 时,薄膜处于张紧状态。

②当 $\sigma_1 > 0$,$\sigma_2 \leqslant 0$ 时,薄膜处于褶皱状态。

③当 $\sigma_1 \leqslant 0$ 时,薄膜处于松弛状态。

其中,σ_1、σ_2 分别为最大、最小主应力。

褶皱模型基于能量变分原理。结构变形过程中总能量包括 3 部分:薄膜张拉应变能、薄膜弯曲应变能及外载荷功。假设所有外载荷作用在薄膜边界上,考虑在边界上,薄膜虚位移为零,因此基于薄膜褶皱特征,从能量的角度出发,薄膜褶皱能量看作薄膜面内张拉应变能与弯曲应变能之和。其大小分别由式(7.16)、(7.17)确定。

本节将讨论不同单元网格尺寸、不同膜材厚度、不同剪切位移 3 种工况下 Kapton 薄膜受剪切产生的褶皱弹性应变能和主应力分布情况,其结论对于褶皱形成机理的探究及对褶皱的预测和控制具有十分重要的参考价值。

2.不同单元网格尺寸下褶皱主应力与弹性应变能的比较

工况一:假设薄膜厚度为 0.05 mm,剪切位移为 3 mm,分别对 3 mm × 3 mm、3.5 mm × 3.5 mm、4 mm × 4 mm、4.5 mm × 4.5 mm、5 mm × 5 mm 5 种不同单元网格尺寸下薄膜褶皱的弹性应变能和主应力分布情况进行分析。

不同单元网格尺寸下薄膜褶皱的最大主应力和最小主应力分布情况如图7.27所示。其中图7.27(a)、(b)分别为整体对比情况,图7.27(c)为1—1截面最大主应力与最小主应力分布情况。

从图7.27(c)可以看出,1—1截面最大主应力波形曲线的平衡位置大约在44 MPa附近,如以单元网格边长3 mm的对应值为基数,可以得出规律:单元网格尺寸每增大1 mm,其振幅约减小6%。同样地,最小主应力波形曲线平衡位置大约在零附近,单元网格尺寸每增大1 mm,其振幅约减小5%。

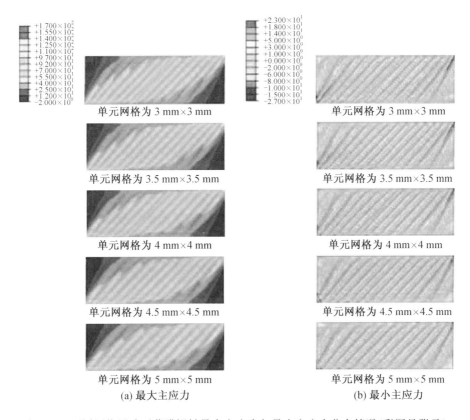

图 7.27　不同网格尺寸下薄膜褶皱最大主应力与最小主应力分布情况(彩图见附录)

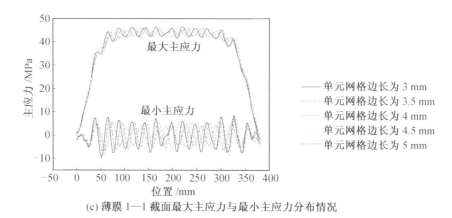

(c) 薄膜 1—1 截面最大主应力与最小主应力分布情况

续图 7.27

图 7.28(a)所示为不同单元网格尺寸下薄膜弹性应变能的分布情况,图 7.29 所示为不同单元网格尺寸与薄膜总弹性应变能的对应关系。由图 7.29 可以看出,不同单元网格尺寸的薄膜总弹性应变能非常接近,大致在 0.550～ 0.566 J 之间,且单元网格尺寸每增加 1 mm,薄膜总弹性应变能仅仅增加 0.3% 左右。究其原因是因为有限元网格划分越细,其结果越趋近于理论值。

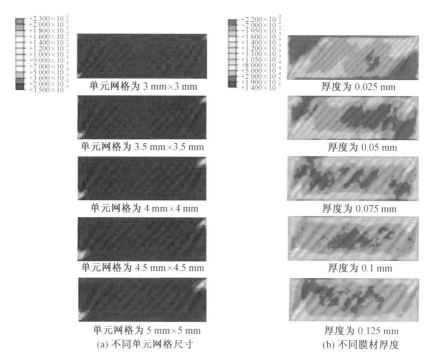

图 7.28　薄膜弹性应变能的分布情况(彩图见附录)

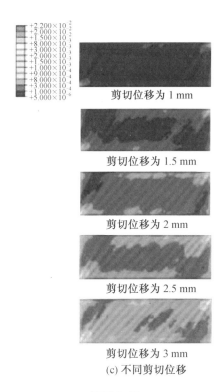

剪切位移为 1 mm

剪切位移为 1.5 mm

剪切位移为 2 mm

剪切位移为 2.5 mm

剪切位移为 3 mm

(c) 不同剪切位移

续图 7.28

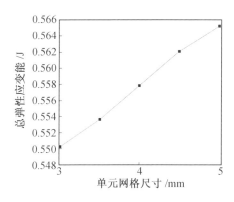

图 7.29　不同单元网格尺寸与总弹性应变能的关系

3. 不同膜材厚度下主应力与弹性应变能比较

工况二:假设薄膜单元网格尺寸为 3 mm×3 mm,剪切位移为 3 mm,分别对 0.025 mm、0.05 mm、0.075 mm、0.1 mm、0.125 mm 5 种不同膜材厚度条件下薄膜褶皱的弹性应变能和主应力分布进行分析。

不同膜材厚度下薄膜褶皱的主应力分布及大小如图 7.30 所示,图 7.30(a)、(b)所示分别为整个薄膜最大主应力和最小主应力分布对比,图 7.30(c)所示为不同膜材厚度下薄膜 1—1 截面最大主应力与最小主应力值。由图中可以看出最大主应力都在 44 MPa 处上下波动,这是因为最大主应力主要受拉应力控制,张拉应变没有因膜材厚度而变化。如以厚度为 0.025 mm 的褶皱振幅为基数,则厚度每增加 0.05 mm,振幅大概增大 1 倍。最小主应力在零值上下波动,且厚度每增加 0.05 mm,其振幅也增大 1 倍,这是因为褶皱振幅增大,弯曲变形增大,导致最小主应力增大,但薄膜剪切变形中弯曲变形占的比例非常小,因此最小主应力变化不大。图 7.28(b)和图 7.31 分别为不同膜材厚度下薄膜弹性应变能密度分布和薄膜总弹性应变能与厚度的对应关系。由图 7.31 可以看出,膜材厚度对总弹性应变能影响很大,厚度每增大 1 倍,总弹性应变能增大 1 倍,近似成正比关系,这是因为膜材厚度 h 与总弹性应变能的关系可以从式(7.16)、(7.17)的对应关系得知。

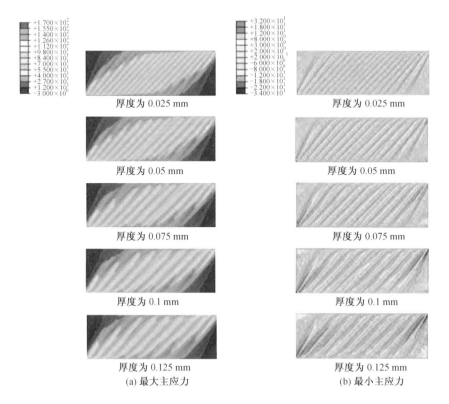

图 7.30　不同膜材厚度下薄膜褶皱的主应力分布情况

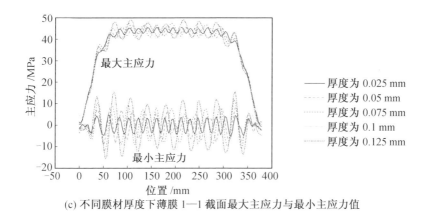

(c) 不同膜材厚度下薄膜 1—1 截面最大主应力与最小主应力值

续图 7.30

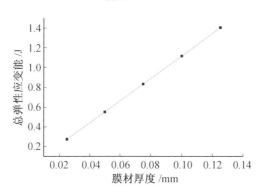

图 7.31　不同膜材厚度与总弹性应变能的关系

4. 不同剪切位移下主应力与弹性应变能比较

工况三:假设薄膜厚度为 0.05 mm,单元网格尺寸为 3 mm×3 mm,分别对剪切位移为 1 mm、1.5 mm、2 mm、2.5 mm、3 mm 条件下薄膜的弹性应变能和主应力进行分析。

图 7.32 所示为不同剪切位移下薄膜的最大主应力和最小主应力分布情况和大小。图 7.32(a)、(b)所示分别为最大主应力和最小主应力整体分布情况,图 7.32(c)所示为 1—1 截面不同剪切位移下最大主应力与最小主应力分布,其规律为:以剪切位移 1 mm 的对应值为基数,则剪切位移每增加 1 mm,最大主应力约增大14 MPa,其波形曲线振幅约增大 1 倍,这是因为剪切位移的增大引起张拉变形的增大。最小主应力保持在零值处上下波动,剪切位移每增加 1 mm,其振幅约增大 1 倍,这是因为褶皱振幅增大,弯曲变形增大,导致最小主应力增大,但变化很微小。

图 7.28(c)和图 7.33 所示分别为不同剪切位移下弹性应变能密度整体对比和薄膜总弹性应变能与剪切位移的关系。由图 7.33 可以看出，剪切位移对薄膜总弹性应变能的影响极大，剪切位移由 1 mm 增大到 2 mm 时，总弹性应变能增加 0.183 J，剪切位移由 2 mm 增大到 3 mm 时，总弹性应变能增加 0.196 J，近似成二次函数关系，这是因为剪切位移增大导致式(7.16)、(7.17)中的面内位移增大。

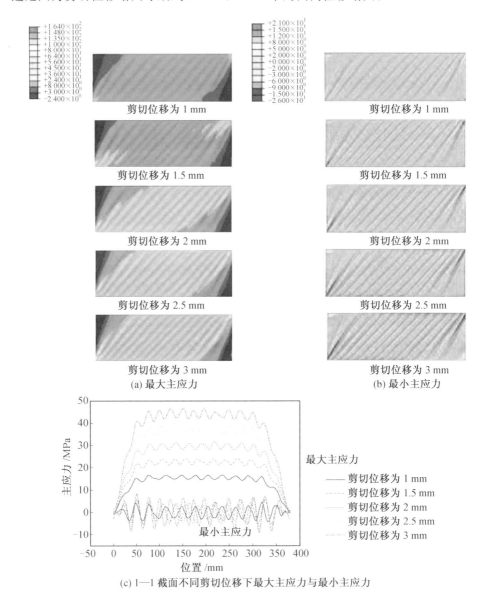

图 7.32　不同剪切位移下薄膜最大主应力和最小主应力分布情况

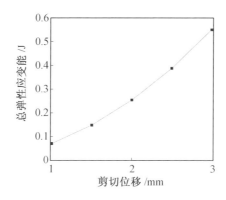

图 7.33　不同剪切位移与薄膜总弹性应变能的关系

5. 褶皱细部位置弹性应变能与主应力分布

工况四:在算例二中假设单元网格尺寸为 3 mm×3 mm,膜材厚度为 0.5 mm,剪切位移为 3 mm,试分析褶皱波峰、波谷和平衡位置处主应力和弹性应变能情况。

弹性应变能和主应力分布对于褶皱的形成有着举足轻重的作用,因此,分析褶皱处弹性应变能和主应力细部分布特点对于弄清褶皱的形成机理,规避高弹性应变能带来的破坏,以及为薄膜结构的设计提供参考具有重要意义。

由图 7.34～7.36 可以看出,最大主应力在沿褶皱方向的对角区域最大,达到 163.6 MPa,而在垂直褶皱方向对角区域最小,只有 -2.384 MPa,这是因为沿褶皱方向膜材受拉,垂直褶皱方向膜材受压。最小主应力普遍在褶皱波峰和波谷区域较大,能达到 ± 7 MPa,而在平衡位置保持零,这是因为平衡位置膜材几乎没有发生弯曲,而波峰、波谷处弯曲程度最大。

同样,由图 7.36 可以看出,沿褶皱方向对角区域的弹性应变能密度最大,达到 0.022 J/mm³,而垂直褶皱方向对角区域应变能密度最小,只有 0.002 2 J/mm³,其他区域能量分布比较均匀,为 $5.6 \times 10^{-5} \sim 1.9 \times 10^{-3}$ J/mm³,而且波峰、波谷处弹性应变能变化很小,说明弹性应变能的主要来源是膜材的受拉应变。

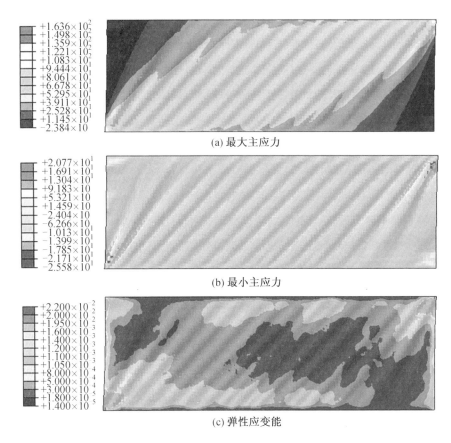

(a) 最大主应力

(b) 最小主应力

(c) 弹性应变能

图 7.34　主应力与弹性应变能分布情况（彩图见附录）

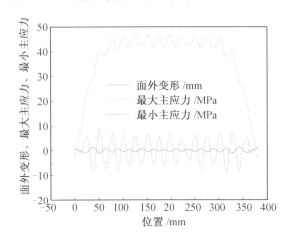

图 7.35　褶皱细部位置与面外变形、主应力的关系

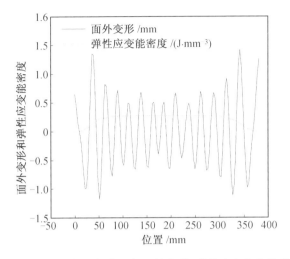

图 7.36　褶皱细部位置与面外变形、弹性应变能的关系

7.4　局部增厚对空间薄膜结构的精度控制

7.4.1　概述

薄膜结构由于其灵活的结构形式、优美的造型以及在大跨度空间结构和太空应用中表现出的优良适应性被广泛应用,薄膜结构实际工程应用的图片如图 7.37 所示。表面精度控制是薄膜结构实际应用中的关键问题,结构表面的精度对外观有着明显的影响。对于某些太空薄膜结构,精度不足将会导致信号反射的误差过大,使用性能变差。

柏林奥林匹克体育场

图 7.37　薄膜结构实际工程应用

目前,国内外对于精度控制的研究着重于结构的形状、预张力度、矢跨比和膜材厚度等方面,但通过这几个参数控制精度效果,显然成本相对较高。然而,对薄膜材料的某些关键部位进行增强,既能达到较好的控制效果,又能降低控制成本。本节以有限元软件 ABAQUS 为平台,以经典环形受扭为案例,以普通模型和局部加强模型对比,分析了局部增厚对薄膜结构精度的控制效果。

7.4.2 经典环形受扭试验模型

1. 基本模型

环形薄膜内径为 50 mm,外径为 300 mm,厚度为 0.18 mm,膜材属性见表 7.4。边界条件为外圆完全固定,内圆与转轴固定,转轴仅能绕 O 点在平面内转动,荷载施加情况为给转轴施加 2×10^6 N·mm 的扭矩,方向为逆时针转动,模型简图如图 7.38 所示。

表 7.4　膜材参数表

名称	密度/(kg·m^{-3})	泊松比	弹性模量/MPa
薄膜	1 420	0.267	5 677.8

2. 局部增厚模型

在基本模型的基础上,将薄膜的局部进行增厚,即将图示阴影部位的膜材厚度增加为非阴影部分的 2 倍。

由于环形受扭薄膜形成的褶皱为单向褶皱,褶皱判别准则如下。

(1)当 $\sigma_2 > 0$ 时,薄膜处于纯拉状态。

(2)当 $\sigma_1 > 0$,$\sigma_2 < 0$ 时,薄膜处于单向褶皱状态。

(3)当 $\sigma_1 \ll 0$,$\sigma_1 \ll 0$ 时,薄膜处于双向褶皱状态。

其中 σ_1、σ_2 分别为最大、最小主应力。

所以,在褶皱形成的方向膜材主应力小于零,即受压,与其垂直的方向膜材主应力大于零,即受拉。外圆边缘固定,扭转内圆,实质上是内圆与外圆发生了相对剪切位移,如图 7.39 所示。褶皱形成的方向与位移切线的夹角约为 45°,膜材沿着此方向受压收缩,因此在该方向设置膜材加厚区域,增强此区域的膜材厚度,其原理是增大膜材的抗弯刚度,利用膜材的抗弯刚度抵抗扭矩,就能较为有

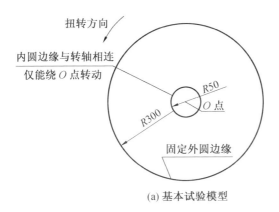

(a) 基本试验模型

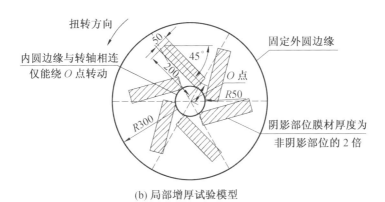

(b) 局部增厚试验模型

图 7.38　试验模型简图

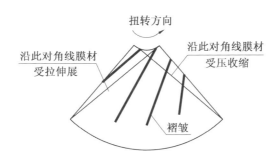

图 7.39　局部简图

效地阻碍该方向膜材的收缩,从而达到控制膜材表面精度的效果。同样,在垂直褶皱方向设置膜材加厚区域,其原理是利用膜材的抗拉刚度抵抗扭矩,也能达到较好的控制效果。

7.4.3　有限元模型的建立

有限元模型的建立如图 7.40 所示。

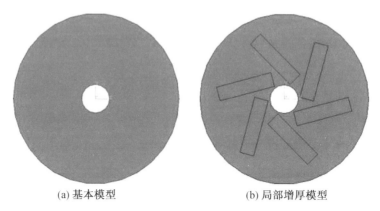

(a) 基本模型　　　　　　　　(b) 局部增厚模型

图 7.40　有限元模型

采用显式动力法建模的基本步骤如下。

(1)将内圆 R_1 与参考点 O 的 6 个自由度完全耦合,并固定这 6 个自由度。在外圆周边施加壳的边载荷,使膜材产生张力预应力并生成预应力 ODB 文件。

(2)将预应力 ODB 文件通过预定义场导入模型中,在 O 点施加 Z 轴方向合适的扭矩,进行模态屈曲分析,选取屈曲模态进行线性组合,作为初始几何缺陷,选取的模态如图 7.41 所示。组合公式为

$$\Delta z = \sum_i \omega_i \varphi_i \tag{7.23}$$

式中,Δz 为面外位移值;ω_i 为模态阶数;φ_i 为折减系数。

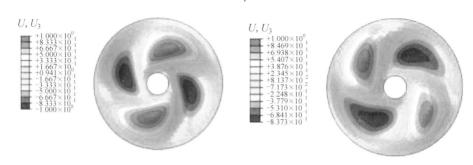

图 7.41　屈曲模态图

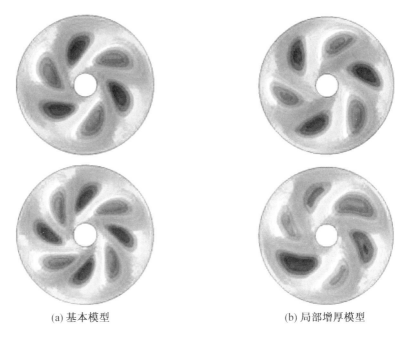

(a) 基本模型　　　　　　　　　(b) 局部增厚模型

续图 7.41

（3）添加初始缺陷，使用动力显式分析步进行后屈曲分析。

7.4.4　分析与讨论

1. 平衡位置倾斜程度

由于膜材在褶皱平衡位置的倾斜程度是最严重的，所以先对两种模型下平衡位置的水平角平均值进行比较分析。褶皱平衡位置倾斜程度对比如图 7.42 所示，可以直观地看到局部增强模型的褶皱平衡位置倾斜程度较小。如图 7.43 所示，在 $R=60$ mm、120 mm、150 mm、180 mm 的位置，平衡位置的水平角均有所减小，中间位置较为明显。由此看来，局部增厚对薄膜结构褶皱平衡位置的倾斜程度有一定的控制作用，对内外边缘的控制作用稍弱，对中间部位的控制作用稍强。

(a) 基本模型细部图

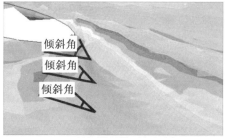
(b) 局部增厚模型细部图

图 7.42　褶皱平衡位置倾斜度对比图

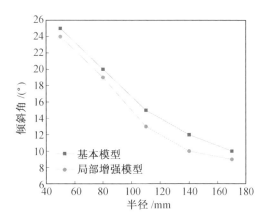

图 7.43　褶皱平衡位置与倾斜角的关系

2. 面外变形情况

面外变形也是反映薄膜结构表面精度的一个重要参数,其对比云图如图 7.44所示。对两种模型中面外变形超过内外圆半径差的 1%、1.5%、2%、2.5%、3%的面积分别进行比较,并进行数据分析。数据对比曲线如图 7.45 所示,其减小的面积占总面积的百分比分别为 8.5%、12.2%、12.7%、13.2%、10.8%。综合看来,局部增厚对整个薄膜结构各个部位的精度控制都能起到作用,其控制效果也相对稳定,对面外变形适中的位置控制效果比面外变形偏大或偏小的更为明显。

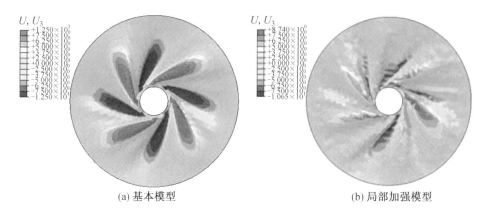

<table>
<tr><td>(a) 基本模型</td><td>(b) 局部加强模型</td></tr>
</table>

图 7.44　面外变形对比云图

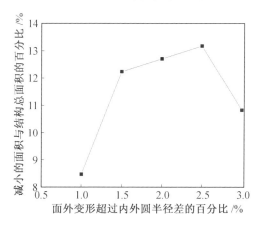

图 7.45　不同程度的面外变形与减小的面积与结构总面积的百分比的关系

3. 褶皱幅值

对两种模型中的褶皱幅值平均值进行比较分析,其对比云图如图7.46所示。同样,如图 7.47 所示,局部增厚对褶皱幅值的控制效果是显著的,在半径为120 mm、150 mm、180 mm 的位置,其两个模型的褶皱幅值分别为 10.5 mm 与 7 mm、9 mm 与 5.9 mm、6.7 mm 与 3.8 mm,减小的幅度较大。而在半径为 60 mm、90 mm 的位置,其两个模型的褶皱幅值分别为 8.4 mm 与 6.9 mm、10.9 mm 与 8 mm,减小的幅度相对小一点。

局部增厚虽然能达到控制薄膜精度的效果,但是也可能引起结构最大主应力分布的改变,从而导致膜材破坏。所以对薄膜结构最大主应力的分析是有必要的。如图 7.48 所示,从两种模型云图对比中发现局部增厚对最大主应力分布的影响并不明显,仅仅是在膜材较厚处最大主应力有所降低。

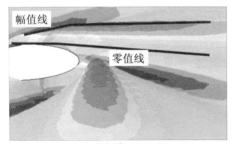

(a) 基本模型细部图

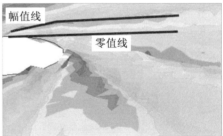

(b) 局部增厚模型细部图

图 7.46　褶皱幅值对比云图

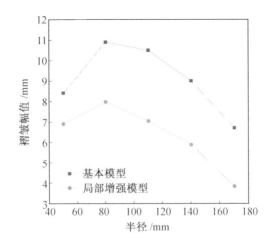

图 7.47　褶皱幅值与半径的关系

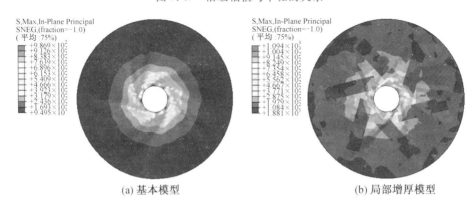

(a) 基本模型　　　　　　　　　　　(b) 局部增厚模型

图 7.48　最大主应力云图

综上所述,从褶皱平衡位置的倾斜程度、面外变形量、褶皱幅值这 3 个方面看来,局部增厚对薄膜结构精度控制是有效的,其结果是明显的。此外还发现一种现象,对中间部位的控制效果相对而言略强,原因是外边缘是固定的,内边缘与转轴相连,内外边缘都受到约束作用,所以局部增厚的影响表现得没那么明显,而薄膜中部没有受到边界约束,局部增厚的作用效果能完全表现出来。

7.5　本章小结

　　张力场理论是研究褶皱最初期的理论,可以得出薄膜结构上褶皱的分布,但它完全忽略了薄膜的抗弯刚度,只是一种近似模型,而且无法计算幅值、波长等重要参数。薄壳理论是目前国内外研究褶皱行为最常用的理论,它是许多有限元软件研究褶皱问题的理论基础,考虑了薄膜材料的抗弯刚度,比张力场理论更为接近实际。薄壳理论不仅能得到褶皱的分布,还能解决张力场理论无法计算幅值、波长的问题,是一种公认的比张力场理论更为先进的理论。

　　基于渐变傅里叶级数方法是一种研究褶皱问题的新方法,它也考虑了薄膜材料的抗弯刚度,与实际情况比较接近,给出了褶皱产生的临界条件,能得到褶皱的特征参数。有限质点理论也是近几年出现的新方法,与传统分析力学方法相比,该方法以物理模式代替了数学模式,其基本出发点是通过实际模型中一系列质点的运动来描述结构体系的真实物理行为,不区分连续体或非连续体,能同时得到结构的运动破坏过程和内部的应力分布。有限质点法采用了一个广义而系统化的分析框架,使得计算流程固定不变;引入了路径单元概念,大大简化了结构的运动描述;求解运动方程时,由于质点各方向上的运动相互独立,避免了求解困难。

　　基于渐变傅里叶级数方法和有限质点法的模拟结果与试验结果相比具有微小的差异,但整体而言与试验的吻合度很高,数值模拟方法的还原程度、精确度足以满足薄膜结构褶皱研究的要求。显式动力法与这两种方法相比,其优势在于规避了繁杂的收敛问题,能极大地提高工作效率,是一种更先进的褶皱分析数值方法。

　　本章采用显式动力法分析了 Kapton 矩形剪切褶皱薄膜在不同膜材厚度、不同单元网格尺寸和不同剪切位移下的主应力和弹性应变能的分布规律及原因，得出以下结论。

（1）在对最大主应力的影响因素中，单元网格尺寸和膜材厚度的影响较小，而剪切位移的影响较大，且随着剪切位移的增大最大主应力增大。最大主应力波形曲线振幅随膜材厚度和剪切位移的增大而增大，随单元网格尺寸的增大而略微减小。

（2）最小主应力随膜材厚度和剪切位移的增大而增大，随网格尺寸的增大而略微减小。最小主应力波形曲线的振幅随膜材厚度和剪切位移的增大而增大，随单元网格尺寸的增大而略微减小。

（3）单元网格尺寸对应变能密度的影响很小；膜材厚度对弹性应变能密度的影响较大，膜材越厚，弹性应变能密度越高；剪切位移对弹性应变能密度的影响更大，且随着剪切位移的增大弹性应变能密度增大。单元网格尺寸对薄膜总弹性应变能影响极小，且随着单元网格尺寸的增大而减小；膜材厚度和剪切位移对薄膜总弹性应变能影响较大，且随着膜材厚度和剪切位移的增大而明显增大。

通过有限元软件 ABAQUS 对经典环形受扭模型进行了分析，比较了基本模型与局部增厚模型膜材的表面精度，从薄膜结构平衡位置倾斜程度、面外变形面积和褶皱幅值几方面讨论了局部加强对精度的控制效果。同时，也分析了其可能引起的最大主应力变化。研究结论表明，局部增厚对薄膜结构表面精度的控制有着良好的效果，而且不会产生明显影响结构的最大主应力。

随着单元网格划分精密程度的提高，褶皱数量略有增加，波长和幅值略有减小，但影响很小。变化到一定程度后，数量、波长和幅值都趋于稳定。

膜材厚度对褶皱行为的影响较大，褶皱数量随着膜材厚度的增加而减小，波长和幅值则增加。

对褶皱行为影响最明显的是扭转角度，褶皱数量随着扭转角度的增加而增加，波长随着扭转角度的增加而较小，幅值随着扭转角度的增加而增加。

第8章

空间薄膜结构的热分析

8.1 概　　述

　　空间环境因素对薄膜结构的影响是很大的。当卫星的轨道较高时,地球大气密度、重力场对轨道的影响已大大减小,这时太阳辐射压力对卫星轨道的影响就比较大了。尤其是对于那些向阳面积较大,本身质量又较轻的空间薄膜结构,太阳辐射压力的影响更是不可忽略。

　　另外,空间薄膜结构又是一种热敏感结构,当天线进出太阳阴影时,急剧的热条件变化能产生很大的扭矩,影响天线结构的动力和姿态。不均匀的温度变化还会使空间薄膜结构产生较大的热变形或热颤振,从而导致天线反射器信号失真,无法正确接收或发送信息和指令,严重者会致使航天器失效。

　　因此,精确分析空间薄膜结构所受太阳辐射压力及其产生扭矩的大小、空间薄膜结构温度场变化,以及热载荷所引起的结构变形是非常重要的,对于结构性能的预报和控制具有非常重要的意义。

　　本章主要利用 MATLAB 编程,采用有限元方法,研究太空轨道环境中太阳辐射和外热流对空间充气薄膜结构的影响。

8.2　空间薄膜充气管的热弯曲

空间外热流的主要来源是太阳的直接辐射。此外,LEO 卫星还受到地球的反照和地球的红外线发射。地球的反照是地球表面对太阳辐射的反射,地球红外线发射依赖于地球的温度。所有这些热流都可能产生作用于地球轨道卫星的热载荷。

一般来说,地球轨道卫星上的热载荷由于轨道原因是缓慢地变化的,不会产生热致动力。然而,当卫星进入或离开地球阴影时,不均匀的热载荷将引起卫星表面不同的温度梯度。这种温度梯度的变化将导致表面的不均匀热膨胀,从而引起热弹性变形。因为空间薄膜结构对尺寸精度要求非常高,这种热载荷引起的热弹性变形可能降低结构的精度,因此,当卫星进出地球阴影时急剧的热变化可能导致结构的热致动力。

本节以直管为例,分析充气天线结构离开地球阴影的过程中作用在天线上的热致扭矩。

首先确定直管上扭矩与温度的关系函数。这里采用 Zimbelman 方法对充气直管进行分析,如图 8.1 所示,直管一端固定,一端自由,接近辐射热源,靠近热源一边的直管将发生变形,使直管弯曲。

假如沿着直管长度方向的截面温度梯度是均匀、线性的,其曲率半径为

$$\rho_b = \frac{d}{2cte \cdot \Delta T} \tag{8.1}$$

式中,d 为直管的直径;cte 为热膨胀系数;ΔT 为温度梯度。半径为 r、长度为 l、质量为 m 的一端固定的直管的惯性矩为

$$I = \frac{1}{2}mr^2 + \frac{1}{3}ml^2 \tag{8.2}$$

由于直管的长度一般远远大于其半径,直管的惯性矩由式(8.2)的第二项决定,忽略第一项便得到更为简单的惯性计算公式

$$I = \frac{1}{3}ml^2 \tag{8.3}$$

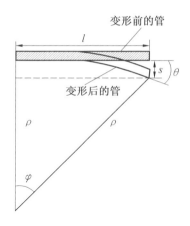

图 8.1　热弯曲示意图

定义惯性位移函数为惯性矩乘以自由端相对于固定端的角度,则直管的惯性位移函数为

$$I = \frac{1}{3} m l^2 \theta \tag{8.4}$$

假设直管变形呈圆弧形,则直管自由端的挠度 $s = l\theta$,将其代入式(8.4)中,得

$$I = \frac{1}{3} m l s \tag{8.5}$$

假设管的自由端的角度很小,那么挠度近似地表示为

$$s \approx \rho - \rho \cos \varphi \tag{8.6}$$

式中,φ 为曲率角,可以近似表示为

$$\tan \varphi \approx \frac{l}{\rho} \tag{8.7}$$

如果直管的长度相对于曲率半径来说很小时,那么 φ 是一个很小的角,则式(8.7)可以简化为

$$\varphi \approx \frac{l}{\rho} \tag{8.8}$$

联合式(8.1)、(8.5)、(8.6)和式(8.8)得到下面惯性位移的表达式

$$I = \frac{m l d}{6 c t e \cdot \Delta T} \left(1 - \cos \frac{2 l c t e \cdot \Delta T}{d} \right) \tag{8.9}$$

这就是用材料参数和温度梯度表示的直管的动力方程,将式(8.9)对时间求一阶导数得到角动量随时间变化的关系,对时间求二阶导数得到扭矩随时间变

化的关系。由复合函数求导法则得角动量和扭矩分别表示为

$$H = \frac{-mld\dot{\Delta T}}{6cte \cdot \Delta T^2}\left(1 - \cos\frac{2lcte \cdot \Delta T}{d} - \frac{2lcte \cdot \Delta T}{d}\sin\frac{2lcte \cdot \Delta T}{d}\right) \quad (8.10)$$

$$T = \frac{\ddot{\Delta T}H}{\dot{\Delta T}} - \frac{2\dot{\Delta T}H}{\dot{\Delta T}} + \frac{2ml^3cte \cdot \dot{\Delta T}^2}{3d \cdot \Delta T}\cos\frac{2lcte \cdot \Delta T}{d} \quad (8.11)$$

为了计算式(8.10)和式(8.11)，必须确定温度的梯度。这里采用 Thorton 提出的方法来推导充气管的温度梯度函数。

管的热模型如图 8.2 所示。管受到太阳入射的热通量为 S_0，假定其为时间的分段函数，即当 $t < 0$ 时，入射的热通量为 0；当 $t \geqslant 0$ 时，入射的热通量为常数 S_0。假设不考虑地球的红外辐射、地球反照及直管悬臂支座的热能损失，由于热通量 S_0 沿着长度方向不变化，则管的每一个截面的温度梯度都是一样的。假设管壁厚度 h 与管的半径 R 相比很小，即 $h \ll R$，并假定温度沿管壁是常数，这样管的温度 T 仅仅与角度 φ 和时间 t 有关，并假定管的外表面的热能辐射是漫辐射，管内的辐射不考虑，这样管上任一点的温度可以表示为

$$T = T(\varphi, t) \quad (8.12)$$

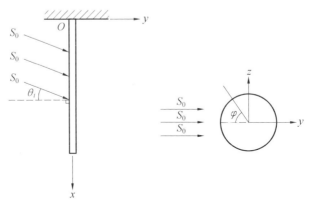

图 8.2　空间薄膜充气管的热模型

式中，t 代表时间；φ 为辐射源方向与管上任意点的矢径之间的夹角，管表面任一点的辐射强度为

$$S = (S_0\cos\theta_i)\delta\cos\varphi \quad (8.13)$$

式中，δ 为梯度函数，且满足

①$\delta = 1$,如果 $\dfrac{-\pi}{2} < \varphi < \dfrac{\pi}{2}$。

②$\delta = 0$,如果 $\dfrac{\pi}{2} \leqslant \varphi \leqslant \dfrac{3\pi}{2}$。

即在管的阴影一侧,辐射强度取为零。根据管壁的能量守恒,得到

$$\frac{\partial T}{\partial t} - \frac{k}{\rho c R^2} \frac{\partial^2 T}{\partial \varphi^2} + \frac{\sigma \tau}{\rho c h} T^4 = \frac{\alpha}{\rho c h} S \delta \cos \varphi \tag{8.14}$$

式中,R 为管的半径;h 为管壁的厚度;σ 为斯特藩—玻耳兹曼常数;ρ 为管的密度;c 为比热容;α 为太阳吸收率;k 为热传导系数;τ 为管的表面辐射率。热通量 S 由 $S_0 \cos \theta_i$ 决定。将式(8.14)右边 $S \delta \cos \varphi$ 表示成傅里叶级数形式,并忽略高阶项,则

$$S \delta \cos \varphi \approx S \left(\frac{1}{\pi} + \frac{1}{2} \cos \varphi \right) \tag{8.15}$$

将温度分布分成两部分:一部分为均匀温度分布;另一部分为非均匀温度分布,即

$$T(\varphi, t) = \bar{T}(t) + T_m(t) \cos \varphi \tag{8.16}$$

将式(8.15)和式(8.16)代入式(8.14)中,得到两个独立的能量平衡微分方程

$$\frac{\partial \bar{T}}{\partial t} + \frac{\sigma \tau}{\rho c h} \bar{T}^4 = \frac{S}{\pi} \frac{\alpha}{\rho c h} \tag{8.17a}$$

$$\frac{\partial T_m}{\partial t} + \left(\frac{k}{\rho c R^2} + \frac{4 \sigma \tau \bar{T}^3}{\rho c h} \right) T_m = \frac{S}{2} \frac{\alpha}{\rho c h} \tag{8.17b}$$

式(8.17a)、(8.17b)中的初始条件分别为 $\bar{T}(0) = T_0$ 和 $T_m(0) = 0$。注意,只有非均匀温度分布 $T_m \cos \varphi$ 才是产生扭矩的温度梯度,均匀温度分布不产生管的振动。所以,只分析式(8.17b)。为了简化,$\bar{T}$ 设为稳态形式

$$\bar{T} = \left(\frac{1}{\pi} \frac{\alpha S}{\sigma \tau} \right)^{\frac{1}{4}} \tag{8.18}$$

这样就得到非均匀温度分布是时间的函数,即

$$T_m(t) = \frac{\alpha S_0 \cos \theta_i}{2 \rho c h} \mu_c \left[1 - \exp \left(\frac{-t}{\mu_c} \right) \right] \tag{8.19}$$

式中,μ_c 为热反应时间。

最后得到管的温度梯度也是时间的函数,即

$$\Delta T(t) = \frac{\alpha S_0 \cos \theta_i}{\rho c h} \mu_c \left[1 - \exp\left(\frac{-t}{\mu_c}\right) \right] \tag{8.20}$$

8.3　太阳辐射压力和外热流的计算

为了计算充气薄膜结构所受太阳辐射压力和外热流的大小,采用 MATLAB 语言编程,其程序流程图如图 8.3 所示。

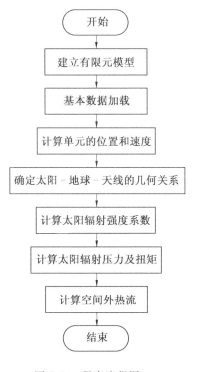

图 8.3　程序流程图

8.3.1　单元位置和速度的确定

计算充气薄膜结构所受太阳辐射压力和外热流,最常用的方法是采用有限元方法,因此,在计算之前,对充气薄膜结构进行有限元划分是计算的关键,可以根据模型的特点,选择采用直角坐标、柱面坐标或球面坐标。

有限元模型建立以后,首先必须确定薄膜天线结构的位置和速度。为了简化,常常采用开普勒轨道,忽略其他因素的影响。算法要求输入轨道 6 参数:轨道半长轴 a、轨道偏心率 e、轨道倾角 i、近地点幅角 ω、升交点赤径 Ω 和天线过近地点时刻 T_0。给定这些轨道参数,运用开普勒方程就能计算任一时刻天线的位置和速度。

天线的位置矢量为

$$r = \frac{a(1-e^2)}{1+e\cos v} \tag{8.21}$$

式中,v 为真近点角。通过对式(8.21)求微分得到速度为

$$u = \sqrt{\frac{\mu}{a(1-e^2)}}(-\sin v + e + \cos v) \tag{8.22}$$

式中,μ 为地球引力参数。式(8.22)一般是在近焦坐标系求得的,还得转换为地心赤道坐标系,其转换矩阵为

$$\boldsymbol{C}^{pi} = \begin{bmatrix} c\Omega c\omega - s\Omega ci s\omega & -c\Omega s\omega - s\Omega ci c\omega & s\Omega si \\ s\Omega c\omega + c\Omega ci s\omega & -s\Omega s\omega + c\Omega ci s\omega & -c\Omega si \\ si s\omega & ci c\omega & ci \end{bmatrix} \tag{8.23}$$

式中,s 和 c 为正弦和余弦的缩写。这样,经过转换以后,得到地心赤道坐标系中天线的位置和速度分别为

$$\boldsymbol{r}_{ijk} = \boldsymbol{C}^{pi}\boldsymbol{r} \tag{8.24}$$

$$\boldsymbol{u}_{ijk} = \boldsymbol{C}^{pi}\boldsymbol{u} \tag{8.25}$$

忽略天线的自转,则每个单元的速度就等于天线质心处的速度。每个单元的位置矢量通过天线位置矢量和从天线质心到单元中心的矢径来确定。模型定义时就确定了从天线质心到单元中心的矢径大小,它反映了单元距离天线质心的远近,值得注意的是,这些矢量都是以随体坐标系表达的,在求和之前,还必须换算成地心赤道坐标系。从随体坐标系到地心赤道坐标系的转换关系为

$$\boldsymbol{C}^{bi} = \boldsymbol{C}^{pi}\boldsymbol{C}^{ap}\boldsymbol{C}^{ba} \tag{8.26}$$

8.3.2　确定太阳 - 地球 - 天线的几何关系

太阳相对于地球的位置用从地球到太阳的矢径 $\boldsymbol{r}_{es}$ 表示(图 8.4),也可以由式(8.21)和式(8.24)求得,一旦确定了 $\boldsymbol{r}_{es}$,减去天线(航天器)的位置矢量 $\boldsymbol{r}_{sat}$ 便得到天线离开太阳的矢量 $\boldsymbol{r}_{svs}$,这样就确定了太阳 - 地球 - 天线的几何关系。

图 8.4　太阳－地球－天线的几何位置关系

8.3.3　太阳辐射流量和地球表面平均红外辐射密度

地球大气边界的太阳辐射流量为

$$H = \frac{3.826 \times 10^{26}}{4\pi R^2} \tag{8.27}$$

式中，R 为地球与太阳之间的距离。

太阳辐射流量考虑了当地球绕着它的椭圆轨道转动时两天体之间距离的变化。当求地球轨道上卫星的太阳辐射压力时，H 一般被认为是太阳常数，其值取为 1 353 W/m^2。

地球红外辐射一般取全球常年的平均值。根据能量平衡，地球表面的平均红外辐射密度 E_{i0} 为

$$E_{i0} = \frac{1-a}{4} H_s \tag{8.28}$$

式中，a 取地－气系统的平均反照率 0.36。

8.3.4　太阳辐射强度系数

作用在天线上太阳的辐射强度系数与天线上可见的太阳圆面的大小成正比，由式(8.29)确定，即

$$S_i = 1 - \frac{A_b}{A_s} \tag{8.29}$$

式中，A_s 是整个太阳圆面的面积；A_b 是太阳被地球挡住的圆面面积，由地球和太阳的角半径确定，如图 8.5 所示。太阳和地球的角半径分别为

$$\rho_s = \sin^{-1} \frac{R_s}{|r_{svs}|} \tag{8.30}$$

$$\rho_e = \sin^{-1} \frac{R_e}{|r_{svc}|} \tag{8.31}$$

式中，r_{sve} 为天线 — 地球的矢径，对于地球轨道卫星，当卫星轨道的半径小于 1.4×10^6 km 时，$\rho_e > \rho_s$，这就意味着地球能遮挡太阳，产生阴影。当地球没有遮挡太阳时，A_b 为 0，太阳强度系数为 1。相反，当太阳完全被地球遮挡时，太阳强度系数为 0。当处于边界时，地球部分遮挡太阳，太阳强度系数处于 0 与 1 之间。

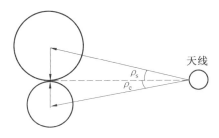

图 8.5　阴影的形成示意图

8.3.5　计算太阳辐射压力及其产生的扭矩

太阳辐射压力是由于光的粒子性引起的。为了精确计算天线表面的太阳辐射压力，应考虑各种各样的反射形式。作用在天线每个单元上的太阳辐射压力为

$$\mathrm{d}f = \frac{H}{c}\mathrm{d}A\cos\theta\left\{(1-\varphi\beta)\hat{\boldsymbol{u}}_i + \left[2\varphi\beta\cos\theta + \frac{2}{3}(1-\varphi)\beta\right]\hat{\boldsymbol{u}}_n\right\} \quad (8.32)$$

式中，H 为太阳辐射流量；c 为光速；β 为反射系数；φ 为镜面反射占整个反射的比例，当为镜面反射时，$\varphi = 1$，当为漫反射时，$\varphi = 0$；$\hat{\boldsymbol{u}}_i$ 为太阳光线的单位入射矢量，其方向与矢量 $\boldsymbol{r}_{svs}$ 方向相反；$\hat{\boldsymbol{u}}_n$ 为与天线表面的单元法向矢量 $\hat{\boldsymbol{n}}$ 方向相反的矢量。θ 为太阳辐射的入射角，由下式确定

$$\theta = \cos^{-1}\frac{\hat{\boldsymbol{n}} \cdot \boldsymbol{r}_{svs}}{|\boldsymbol{r}_{svs}|} \quad (8.33)$$

如果考虑太阳辐射强度系数的影响，则式（8.32）修正为

$$\mathrm{d}f_{srp} = S_i\frac{H}{c}\mathrm{d}A\cos\theta\left\{(1-\varphi\beta)\hat{\boldsymbol{u}}_i + \left[2\varphi\beta\cos\theta + \frac{2}{3}(1-\varphi)\beta\right]\hat{\boldsymbol{u}}_n\right\} \quad (8.34)$$

将矢量 $\hat{\boldsymbol{u}}_i$ 和 $\hat{\boldsymbol{u}}_n$ 做相应的代换，则作用在单元上由于太阳辐射产生的压力为

$$\mathrm{d}f_{srp} = -S_i\frac{H}{c}\mathrm{d}A\cos\theta\left\{(1-\varphi\beta)\frac{\boldsymbol{r}_{svs}}{|\boldsymbol{r}_{svs}|} + \left[2\varphi\beta\cos\theta + \frac{2}{3}(1-\varphi)\beta\right]\hat{\boldsymbol{n}}\right\}$$

$$(8.35)$$

当然,由于天线运动,一些单元可能不对着太阳,这可以通过 θ 值得知,当 $\theta \geqslant 90°$ 时,单元背离太阳,则太阳辐射压力为零。

已知作用在天线表面上的太阳辐射压力及力矩臂的大小,就可以计算由于太阳辐射压力所产生的扭矩。因此,太阳辐射扭矩是太阳辐射压力和力矩臂的函数,也是天线表面反射性能的函数。另外,还与天线的形状,相对太阳、地球的轨道位置,表面是否被自身或地球所遮挡等因素有关。

8.3.6　轨道空间外热流计算

对于地球轨道天线,有 3 种主要的外热流:太阳直接辐射、地球反照和地球红外热辐射。太阳直接辐射是主要的外热流,地球反照和地球红外热辐射对于近地轨道的天线来说也起着很大的作用。当天线处于阴影状态时,地球红外热辐射是唯一的外界热流来源,因此每种情况的热流都要求计算。

由于太阳直接辐射,作用在天线上的总的能量为

$$G_{ds} = S_i H_s dA_p \tag{8.36}$$

式中,dA_p 为单元面积在天线 — 太阳矢量方向的投影,等于单元面积与太阳辐射角 θ 余弦的乘积。θ 由式(8.33)决定。

太阳投射到地球上的辐射能,部分被地球吸收,被吸收的能量又以红外辐射能的形式向太空排散。严格来讲,地球表面受照部位和非受照部位、受照时间长部位和受照时间短部位,其红外辐射能是不同的。在要求不太严格的情况下,一般都认为地球在轨道上运行时,处于热平衡状态,即地球向空间辐射的能量等于它从空间吸收的太阳辐射能。同时认为,地球是一个均匀辐射的热平衡体,即地球上任意一点的红外辐射强度相同,因此地球红外辐射热流为

$$G_{et} = F_{et} E_{i0} dA \tag{8.37}$$

式中,E_{i0} 为地球表面平均红外辐射密度,由式(8.28)确定。F_{et} 为形状因子(角系数),不仅与单元的方向有关,而且还与地球与天线之间距离有关。

太阳辐射简称为地球反照。地球表面及大气对阳光的反射与地表性质、云层分布等因素有关,而且差别很大。地球反照的热流由下式得到,即

$$G_{er} = a H_s F_{er} dA \tag{8.38}$$

式中,a 为反照率,取 0.36;F_{er} 由下式决定:

$$F_{er} = F_{et} \cos \eta \tag{8.39}$$

式中，η 为地球－太阳矢量与天线位置矢量之间的夹角，如图 8.4 所示。这个角度可以通过求两个矢量的点积得到，即

$$\eta = \cos^{-1} \frac{\boldsymbol{r}_{es} \cdot \boldsymbol{r}_{sat}}{|\boldsymbol{r}_{es}| |\boldsymbol{r}_{sat}|} \tag{8.40}$$

当 $\eta > 90°$ 时，$F_{er} = 0$。

这样，每种来源的热流便确定了，可求和得到单元的整个热流。注意，这是单元整个来自外界的热流量，不是单元的净热流量，为了确定净热流量，必须考虑单元对外界的辐射，这与单元的温度有关。反过来，单元的温度不仅与环境的入射辐射有关，而且与周围单元的传导、来自其他单元的辐射以及卫星内部的热源等因素有关，则问题就更复杂了。

8.4　算例分析

假定一直径为 1 m、长度为 12 m、管壁厚为 75 μm 的直管，材料为 Kapton，材料的密度为 1 420 kg/m³，所处轨道参数见表 8.1，直管的材料性能指标见表 8.2。分析时，直管的方向总是保持 b_3 的负向指向地球，b_2 的负向与轨道法线方向平行（图 8.6）。将直管沿长度方向每隔 1 m，沿周向每隔 30° 划分为一个单元，整个直管共划分为 144 个单元和 108 个节点。直管的节点坐标见表 8.3，单元情况见表 8.4。

表 8.1　太阳－地球轨道参数表

轨道半长轴 a	1 个天文单位
轨道偏心率 e_0	0.016 708 634
黄赤交角 $i_0/(°)$	23.439 29
升交点赤径 $\Omega/(°)$	0
近地点幅角 $\omega/(°)$	282.94
平近点角 $M_0/(°)$	357.529

表 8.2　直管的主要材料参数

材料性能	Kapton
密度 $\rho/(\mathrm{kg \cdot m^{-3}})$	1 420
反射系数 β	0.5
热膨胀系数(cte)	$5 \times 10^{-7}/\mathrm{K}$
热传导系数 $k/(\mathrm{W \cdot m \cdot K^{-1}})$	216.3
太阳吸收率 α	0.5
热发射率 ε	0.5
比热容 $c_p/(\mathrm{J \cdot kg^{-1} \cdot K^{-1}})$	1 000

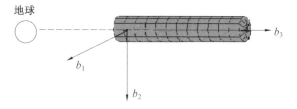

图 8.6　模型示意图

表 8.3　直管节点坐标

节点编号	坐标 /m
1	$(1.00, 0.00, -1.17)$
2	$(0.87, 0.50, -1.17)$
3	$(0.50, 0.87, -1.17)$
4	$(0.00, 1.00, -1.17)$
5	$(-0.50, 0.87, -1.17)$
6	$(-0.87, 0.50, -1.17)$
7	$(-1.00, 0.00, -1.17)$
……	……

表 8.4　直管单元参数

单元编号	组件编号	面积 /m²	质量 /kg	吸收率	发射率	反射率	镜面反射率	……
1	3	0.278	0.030	0.500	0.500	0.500	1.000	……
2	3	0.278	0.030	0.500	0.500	0.500	1.000	……
3	3	0.278	0.030	0.500	0.500	0.500	1.000	……
4	3	0.278	0.030	0.500	0.500	0.500	1.000	……
5	3	0.278	0.030	0.500	0.500	0.500	1.000	……
6	3	0.278	0.030	0.500	0.500	0.500	1.000	……
7	3	0.278	0.030	0.500	0.500	0.500	1.000	……
8	3	0.278	0.030	0.500	0.500	0.500	1.000	……
……	……	……	……	……	……	……	……	……

对直管进行热分析时分为两部分:首先,分析轨道高度为 500 km 的圆形轨道上直管处于轨道不同位置时的热流情况和所受的太阳辐射压力及扭矩。其次,分析 η 保持不变,直管在不同轨道高度时的热流和太阳辐射情况。轨道高度分别取 300 km、1 000 km、5 000 km 和 20 000 km,模拟结果如图 8.7 ～ 图 8.10 所示(注:图中单位除特别说明外,力的单位为 N,扭矩的单位为 N·m,热的单位为 W)。

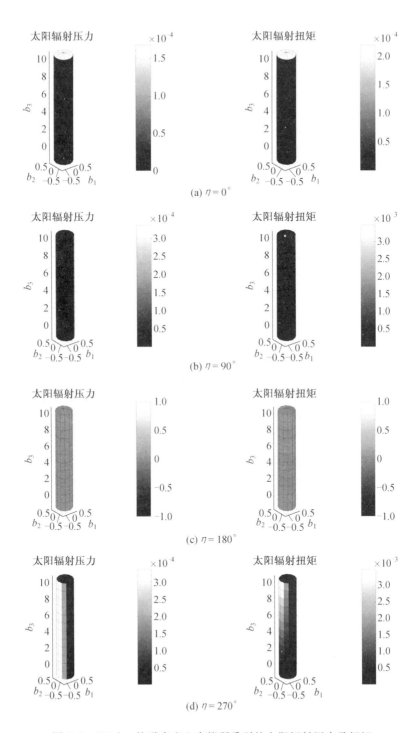

图 8.7　500 km 轨道高度上直管所受到的太阳辐射压力及扭矩

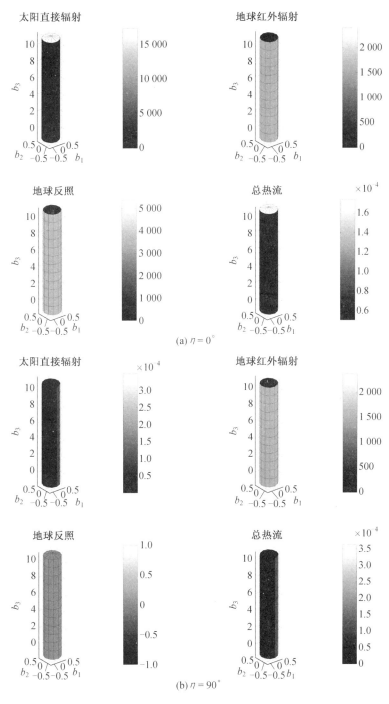

图 8.8　500 km 轨道不同位置时直管热流的变化情况

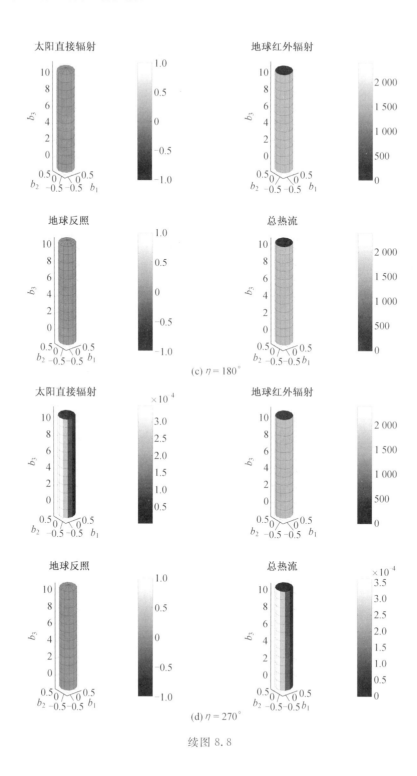

(c) $\eta = 180°$

(d) $\eta = 270°$

续图 8.8

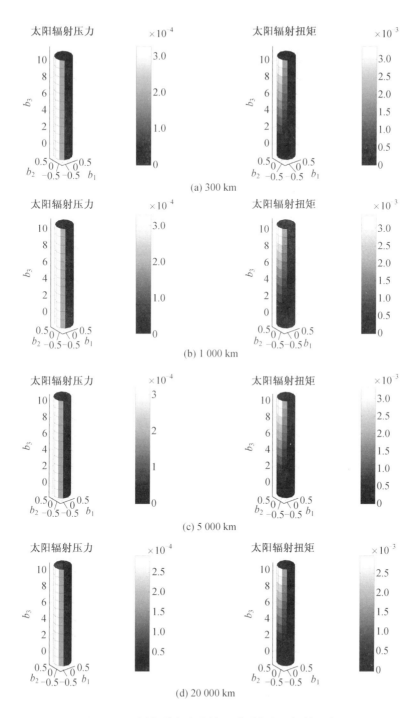

图 8.9 不同轨道高度直管所受到的太阳辐射压力

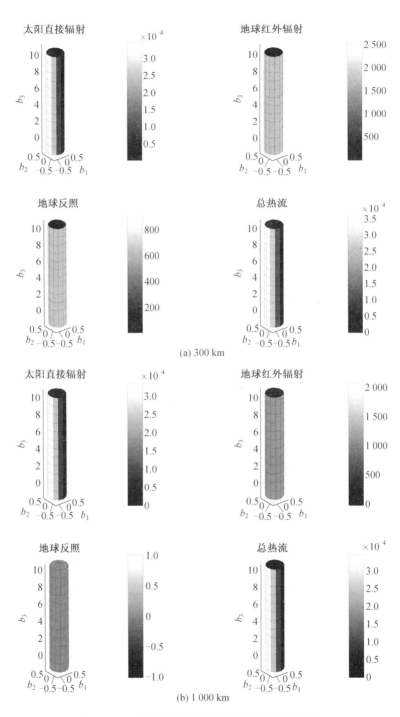

图 8.10   不同轨道高度直管所受到的热流情况

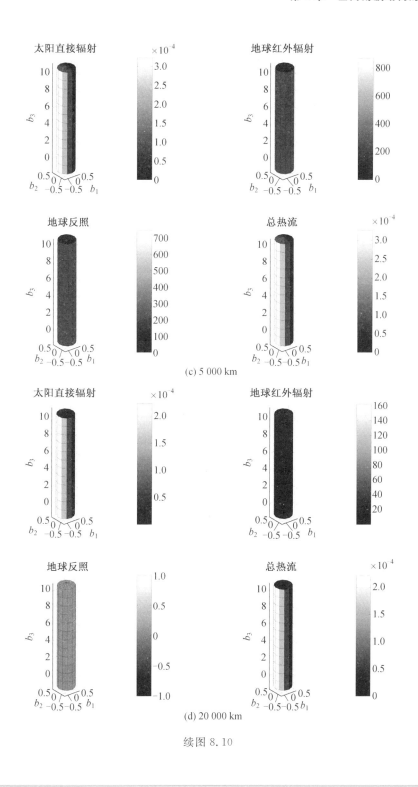

(c) 5 000 km

(d) 20 000 km

续图 8.10

图 8.7 显示了直管在 500 km 轨道高度上的不同位置时所受到的太阳辐射压力及扭矩的大小。由于轨道是圆形的，b_1 轴负向总是与速度的矢量一致，太阳的辐射压力随着位置的不同是变化的，当 $\eta = 0°$ 时，直管刚好位于太阳与地球之间，b_3 轴正对着太阳。处于这个方向的单元受到的太阳辐射压力最大，而与这个方向相反的单元则在阴影区。当 $\eta = 90°$ 时，直管处于白天－夜晚的交界点，直管的前半部位于阴影区。相反，当 $\eta = 270°$ 时，直管处于夜晚－白天的交界点，直管的后半部处于阴影区。当 $\eta = 180°$ 时，直管完全处于阴影区，没有单元受到太阳的辐射压力。

图 8.8 显示了单元位于 500 km 轨道不同位置时热流的变化情况。如前所述，来自太阳直接辐射的热流与太阳辐射压力情况是一致的。来自地球红外辐射的热流在整个轨道上是常数，而正对着 b_3 负方向的值为最大。这与之前的设想相同。当 $\eta = 180°$ 时，由于阴影的存在，所以来自地球反照的热流为 0。但是，在白天与夜晚交替时，热流不应该为 0，而图上数值为 0。这种矛盾是由于采用近似公式(8.39) 使得 $\cos \eta$ 等于零所造成的。其实，地球反照还是能达到这一点的。然而，即使在低轨道，来自地球反照的热流要比太阳直接辐射的热流低两个数量级。因此，这种近似所带来的误差不会影响结果的正确性。

图 8.9 显示了不同轨道高度直管所受到的太阳辐射压力及扭矩的大小，结果发现，对所有计算的轨道，太阳辐射压力及产生的扭矩是相同的，因此，表明太阳辐射压力是一个与轨道高度无关的常数。

图 8.10 显示了直管的每个单元随轨道高度的不同热流的变化情况。太阳直接辐射的热流在所有计算的轨道中都是最大的。地球红外辐射热流在低地轨道是热流的一个重要来源，但是随着轨道的增加急速下降。地球反照热流与地球红外辐射热流一样，随着轨道升高而下降。然而，在所有计算的轨道上，地球反照热流数值比地球红外辐射的热流低 $1\sim2$ 个数量级，比太阳直接辐射的热流低 $2\sim3$ 个数量级。

8.5　本章小结

本章首先对薄膜充气天线的环境因素进行了分析，以确定在不同的轨道高度，充气天线所受主要环境因素的影响；其次分析了充气天线热载荷和热流的来源，对充气直管在热载荷作用下的热弯曲进行了分析和推导。在此基础上，利用 MATLAB 编程，分析了不同轨道高度以及同一轨道高度不同位置薄膜充气结构所受太阳辐射压力、扭矩大小及所受外热流情况。本章的结论为薄膜充气天线的在轨研究提供了一定的参考价值。

参 考 文 献

［1］吴明儿,关富玲. 可展结构的展开分析[J]. 杭州电子工业学院学报,1993,13
(2):13-21.

［2］夏劲松. 索膜结构的构造理论和柔性天线的结构分析[D]. 杭州:浙江大
学,2005.

［3］ CASSAPAKIS C, THOMASM M. Inflatable structures technology
development overview[EB/OL]. (1995-9-26)[2012-8-22]. https://arc.
aiaa. org/doi/10. 2514/6. 1995-3738.

［4］FANG H F,LOU M,HUANG J,et al. Development of a three-meter ka-
band reflectarray antenna [EB/OL]. (2002-4-22)[2012-6-26]. https://arc.
aiaa. org/doi/10. 2514/6. 2002-1706.

［5］CHODIMELLA S P,MOORE J D,OTTO J. Design evaluation of a large
aperture deployable antenna[EB/OL]. (2006-5-1)[2012-6-19]. https://arc.
aiaa. org/doi/abs/10. 2514/6. 2006-1603.

［6］ REIBALDI G, HAMMER J, BERNASCONI M, et al. Inflatable space
rigidized reflector development for land mobile missions[EB/OL]. [2012-8-
17]. https://arc. aiaa. org/doi/abs/10. 2514/6. 1986-692.

［7］LICHODZIEJEWSKI D,VEAL G,DERBES B. Spiral wrapped aluminum
laminate rigidization technology [EB/OL]. (2002-4-25) [2012-6-26].
https://arc. aiaa. org/doi/abs/10. 2514/6. 2002-1701.

［8］ CADOGAN D, STEIN J, GRAHNE M. Inflatable composite habitat structures for lunar and mars exploration[J]. Acta astronautica,1999,44(7-12),399-406.

[9] 刘晓峰,谭惠丰,杜星文. 充气太空结构及其展开模拟研究[J]. 哈尔滨工业大学学报,2004,36(4):508-512.

[10] HUANG J,FANG H F,LOVICK R,et al. The development of large flat inflatable antenna for deep-space communications. [EB/OL]. (2004-9-30) [2012-6-19]. https://arc.aiaa.org/doi/abs/10.2514/6.2004-6112.

[11] 王燕. 全球首个充气式活动太空舱成功展开及其影响分析[J]. 中国航天,2016(7):16-22.

[12] GRESCHIK G,PARK K C,NATORI M. Helically curved unfurlable structural elements:kinematic analysis and laboratory demonstration[J]. Journal of mechanical design,1996,118(1):22-28.

[13] GRESCHIK G,PARK K C. Deployment of curved closed tubes[J]. Journal of mechanical design,1996,118(3):337-339.

[14] FAY J P,STEELE C R. Forces for rolling and asymmetric pinching of pressurized cylindrical tubes[J]. Journal of spacecraft and rockets,1999,36(4):531-537.

[15] SALAMA M,FANG H,LOU M. Resistive deployment of inflatable structures using velcro[J]. Journal of spacecraft and rockets,2002,39(5):711-716.

[16] FANG H,LOU M,HAH J. Deployment study of a self-rigidizable inflatable boom[J]. Journal of spacecraft and rockets,2006(1):25-30.

[17] DONEA J,GIULIANI S,HALLEUX J P. An arbitrary lagrangian-eulerian finite element method for transient dynamic fluid-structure interactions[J]. Computer methods in applied methods and engineering,1982,33(1):689-723.

[18] 崔冰艳. ALE方法的二维数值模拟计算[D]. 呼和浩特:内蒙古工业大学,2006.

[19] 徐彦,关富玲,马燕红. 充气可展开天线的反射面设计及精度测量[J]. 浙江大学学报(工学版),2007,41(11):1921-1926.

[20] 徐彦,关富玲. 可展开薄膜结构折叠方式和展开过程研究[J]. 工程力学,

2008,25(5):176-181.

[21] 王俊.可展结构新型铰链的设计与分析[D].杭州:浙江大学,2006.

[22] 王俊,关富玲,周志钢.空间可展结构卷尺铰链的设计与分析[J].宇航学报,2007,28(3):720-726+746.

[23] 肖潇,关富玲,徐彦.充气薄膜结构的 SMS 展开分析方法[J].哈尔滨工业大学学报,2010,42(2):302-306.

[24] 肖潇,关富玲,徐彦.卷曲折叠充气管展开过程的数值分析及试验研究[J].浙江大学学报(工学版),2010,44(1):184-189.

[25] FREELAND R E,BILYEU G D,VEAL G R , et al. Large inflatable deployable antenna flight experiment results[J]. Acta astronautica,1997,41(4):267-277.

[26] CAMPBELL J E,SMITH S W,MAIN J A ,et al. Staged microgravity deployment of a pressurizing scale model spacecraft [J]. Journal of spacecraft and rockets, 2004, 41(4):534-542.

[27] PAPPA R S, LASSITER J O, ROSS B P. Structural dynamics experimental activities in ultra-lightweight and inflatable space structures [J]. Journal of spacecraft and rockets,2003,40(1):15.

[28] 管瑜.充气展开自硬化支撑管的设计与分析[D].杭州:浙江大学,2006.

[29] MIYAMURA T. Wrinkling on stretched circular membrane under inplane torsion:Bifurcation analyses and experiments[J]. Engineering structures,2000,22(11):1407-1425.

[30] JENKINS C H, SPICHER W H, HAUGEN F. Experimental measurement of wrinkling in membranes undergoing planar deformation [J]. Experimental mechanics,1998,38(2):147-152

[31] JONES T W,DORRINGTON A A,SHORTIS M R. Validation of laser-induced fluorescent photogrammetric targets on membrane structures[J]. AIAA 2004-1663.

[32] MIKHAIL E M,BETHEL J S,MCGLONE J C. Introduction to modern photogrammetry[M]. New York:Wiley,2001.

[33] PAPPA R S, GIERSCH L R,QUAGLIAROLI J M. Photogrammetry of a 5-m inflatable space antenna with consumer digital cameras [J].

Experimental techniques,2001,25(4):21-29.

[34] 毕朕. 空间充气管展开过程仿真及模态分析[D]. 哈尔滨:哈尔滨工业大学,2006.

[35] 卫剑征,苗常青,杜星文. 充气平面天线结构展开过程仿真分析[J]. 哈尔滨工业大学学报,2007,39(9):1398-1401+1465.

[36] MALONE P K,WILLIAMS G T. Lightweight inflatable solar array[J]. Journal of propulsion and power,1996,12(5):866-872.

[37] 刘晓峰,谭惠丰,杜星文. 充气太空管展开模拟[J].哈尔滨工业大学学报,2004,36(5):685-687.

[38] WANG C C L,SMITH S S F,YUEN M M F. Surface flattening based on energy model[J]. Computer-aided design,2002,34(11):823-833.

[39] 徐彦. 充气可展开天线精度及展开过程分析研究[D]. 杭州:浙江大学,2009.

[40] MIYAZAKIY,KODAMA T. Formulation and interpretation of the equation of motion on the basis of the energy-momentum method[J]. Proceedings of the institution of mechanical engineers part k journal of multibody dynamics,2004,218(1):1-7.

[41] 袁士杰,吕哲勤. 多刚体系统动力学[M]. 北京:北京理工大学出版社,1992.

[42] 贾书惠. 刚体动力学[M]. 北京:高等教育出版社,1987.

[43] 休斯敦,刘又午. 多体系统动力学[M]. 天津:天津大学出版社,1987.

[44] 范镜泓,高芝晖. 非线性连续介质力学基础[M]. 重庆:重庆大学出版社,1987.

[45] SIMO J C,TARNOW N. A new energy and momentum conserving algorithm for the non-linear dynamics of shells[J]. International journal for numerical methods in engineering, 2010,37(15):2527-2549.

[46] YOUNG E C. 矢量分析与张量分析[M]. 黄祖良,陈强顺,译. 上海:同济大学出版社,1989.

[47] 黄义,张引科.张量及其在连续介质力学中的应用[M]. 北京:冶金工业出版社,2002.

[48] 谭浩强.C 程序设计[M].2 版.北京:清华大学出版社,1999.

［49］ LI C T，LEONARD J W. Finite element analysis of inflatable shells［J］. Journal of the engineering mechanics division，1973，99(3)：495-514.

［50］ 张其林.索和膜结构［M］.上海：同济大学出版社，2002.

［51］ STANUSZEK M. FE analysis of large deformations of membranes with wrinkling［J］. Finite elements in analysis and design，2003，39（7）：599-618.

［52］ MILLER R K，HEDGEPETH J M，WEINGARTEN V I，et al. Finite element analysis of partly wrinkled membranes［J］. Computers and structures，1985，20(1-3)：631-639.

［53］ STEIGMANN D J，PIPKIN A C. Wrinkling of pressurized membranes ［J］.Journal of applied mechanics，1989，56(3)：624-628.

［54］ RODDEMAN D G，OOMENS C，OOMENS C W J，et al. The wrinkling of thin membranes：part i—theory［J］.Journal of applied mechanics，1987，54(4)：884-887.

［55］ CADOGAN D，SANDY C，GRAHNE M. Development and evaluation of the mars pathfinder inflatable airbag landing system ［J］. Acta astronautica，2002，50(10)：633-640.

［56］ 杨超. 薄膜结构的有限质点法计算理论与应用研究［D］. 杭州：浙江大学，2015.

［57］ 王震,赵阳,杨学林.平面薄膜结构屈曲行为的向量式有限元分析［J］. 浙江大学学报(工学版),2015,49(6):1116-1122.

［58］ 严冬.薄膜结构的褶皱特征和机理研究［D］.北京：北京理工大学,2016.

［59］ HONG Y，YAO W，XU Y. Numerical and experimental investigation of wrinkling pattern for aerospace laminated membrane structures ［J］. International journal of aerospace engineering,2017(1):1-11.

［60］ 褚浩玥. 考虑褶皱影响的平面张拉薄膜动力特性及其风振响应分析［D］. 北京：北京交通大学,2018.

［61］ 马瑞,杨庆山,王晓峰.平面张拉薄膜屈曲过程的数值分析［J］. 北京交通大学学报,2013,37(4):114-118.

［62］ KUMAR S,UPADHYAY S H,MATHUR A C. Wrinkling simulation of membrane structures under tensile and shear loading ［J］. Journal of vibration analysis，measurement and control，2015，3(1)：17-33.

[63] 李云良，谭惠丰，谭忆秋，等. 薄膜二次屈曲行为的数值仿真分析[J]. 哈尔滨工业大学学报，2010，42(5)：784-787.

[64] 殷亮. 薄膜褶皱影响因素的试验研究及数值分析[D].北京：北京交通大学，2017.

[65] 李云良，王长国，谭惠丰. 褶皱对薄膜振动特性的影响分析[J]. 力学与实践，2007，29(6)：17-22.

[66] WONG W，PELLEGRINO S. Wrinkled membranes Ⅲ numerical simulations [J]. Journal of mechanics of materials and structures，2006，1(1)：63-95.

[67] 李云良，田振辉，谭惠丰. 基于张力场理论的薄膜褶皱研究评述[J].力学与实践，2008，30(4)：8-14.

[68] 李作为，杨庆山，刘瑞霞. 薄膜结构褶皱研究述评[J]. 中国安全科学学报，2004，14(7)：19-23+3.

[69] 刘充. 空间平面薄膜结构褶皱与动力学分析[D]. 西安：西安电子科技大学，2014.

[70] 李云良，鲁明宇，谭惠丰，等. 剪切褶皱薄膜动态特性分析[J]. 哈尔滨工业大学学报，2011，43(2)：98-102.

[71] 魏玉卿，尚仰宏. 充气可展开结构中薄膜皱褶的有限元分析[J]. 现代雷达，2010，32(9)：84-86.

[72] 李云良，鲁明宇，谭惠丰，等. 基于直接扰动法的薄膜屈曲缺陷敏感性分析[J]. 工程力学，2010，27(08)：94-99.

[73] 张建，杨庆山，谭锋. 基于薄壳单元的薄膜结构褶皱分析[J]. 工程力学，2010，27(08)：28-34+39.

[74] 李云良，谭惠丰，王晓华. 矩形薄膜和充气管的屈曲及后屈曲行为分析[J]. 航空学报，2008，29(4)：886-892.

[75] 张锦莱. 薄膜结构的屈曲与振动特性研究[D].哈尔滨：哈尔滨工业大学，2015.

[76] 谭锋，杨庆山，李作为. 薄膜结构分析中的褶皱判别准则及其分析方法[J]. 北京交通大学学报，2006，30(1)：35-39.

[77] 季跃. 网壳结构的应用及研究现状[J]. 结构工程师，2018，34(1)：156-163.

[78] 尤国强，段宝岩，郑飞. 以表面精度和基频为目标的可展开天线索网结构的

优化设计[J].中国机械工程,2008,19(19):2306-2309.

[79] 张惠琴,薛素铎,黄达达.伞形膜结构浮动环处的褶皱影响因素分析[J].空间结构,2009,15(1):84-88.

[80] 刘明君.平面张拉薄膜褶皱变形机理与调控方法[D].西安:西安电子科技大学,2018.

[81] 赵腾飞.拉伸薄膜褶皱力学行为的数值研究[D].大连:大连理工大学,2014.

[82] 肖薇薇,陈务军,付功义.空间薄膜阵面结构褶皱分析[J].宇航学报,2010,31(11):2604-2609.

[83] 李云良,田振辉,谭惠丰.屈曲薄膜振动分析[J].工程力学,2008,(11):33-36+85.

[84] CHOBOTOV V A. Spacecraft attitude dynamics and control[M]. Melbourne:Krieger Publishing Company,1991.

[85] 张志涌,杨祖樱.MATLAB 教程[M].北京:北京航空航天大学出版社,2001.

[86] 王勖成.有限单元法[M].北京:清华大学出版社,2003.

[87] PISCANE V L,ROBERT C M. Fundamentals of space systems[M]. New York:Oxford University Press,1994.

[88] JOHNSON J D,THOMTON E A. Thermally induced dynamics of satellite solar panels[J]. Journal of spacecraft and rockets,2000,37(5):604-613.

[89] 侯增祺,胡金刚.航天器热控制技术[M].北京:中国科学技术出版社,2007.

名 词 索 引

B

薄壳理论　7.1

薄膜自接触　3.2

保守力　4.3

C

充气薄膜天线　1.2

充气膜面　3.5

D

等参单元　4.4

F

非保守力　4.3

非线性铰链　1.4

非线性屈曲法　7.1

G

刚体运动学　4.2

广义动量守恒　4.3

广义坐标　4.5

H

环形扭转空间薄膜　7.2

J

渐变傅里叶级数　7.1

结构表面精度控制　1.3

结构折叠和展开　1.3

矩形剪切空间薄膜　7.3

卷曲充气管　5.2

卷曲折叠　1.4

K

空间薄膜结构　1.1

空间环境　1.4

控制体积法(CV)　2.2

L

拉格朗日方程　4.3

罗德里格斯(Rodrignes)矢量　4.5

N

能量－动量法　4.3

O

欧拉参数　4.2

Q

气垫导轨　5.2

气囊模型　2.2

气室　4.4

R

热分析　1.3

热弯曲　8.2

S

松弛　4.4,6.4

随体坐标　6.3

T

太阳辐射流量　8.3

太阳辐射强度系数　8.3

太阳辐射压力　8.3

弹性应变能　7.3

W

外热流　8.3

X

显式动力法　7.1

小刚度模型　4.4

虚功原理　6.5

Y

应变能密度函数　6.2

有限质点理论　7.1

Z

Z形折叠充气(环)管　3.5

张紧　6.4

张力场理论　6.2

折叠平面反射面　4.6

褶皱　1.4

褶皱幅值　7.4

直接扰动法　7.1

重力消除　1.3

部分彩图

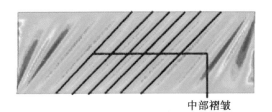
中部褶皱

表 7.1 表注

(a) 0 s 折叠状态

(b) 3 s

(c) 6 s

(d) 9 s

图 3.15　展开过程

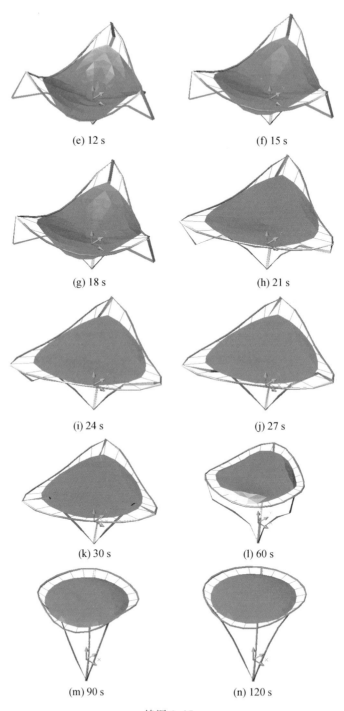

(e) 12 s   (f) 15 s

(g) 18 s   (h) 21 s

(i) 24 s   (j) 27 s

(k) 30 s   (l) 60 s

(m) 90 s   (n) 120 s

续图 3.15

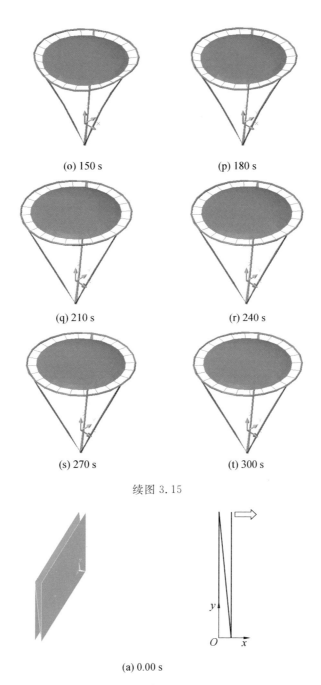

(o) 150 s (p) 180 s

(q) 210 s (r) 240 s

(s) 270 s (t) 300 s

续图 3.15

(a) 0.00 s

图 4.7　薄膜的展开

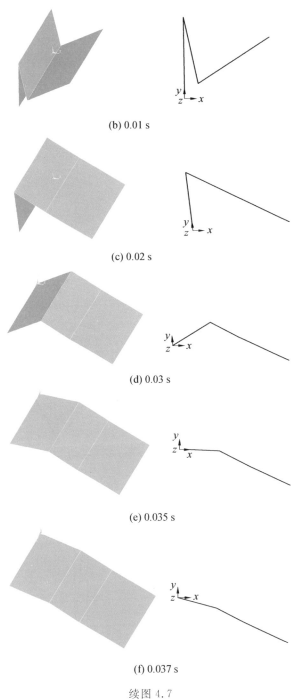

(b) 0.01 s

(c) 0.02 s

(d) 0.03 s

(e) 0.035 s

(f) 0.037 s

续图 4.7

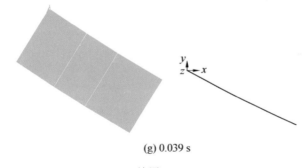

(g) 0.039 s

续图 4.7

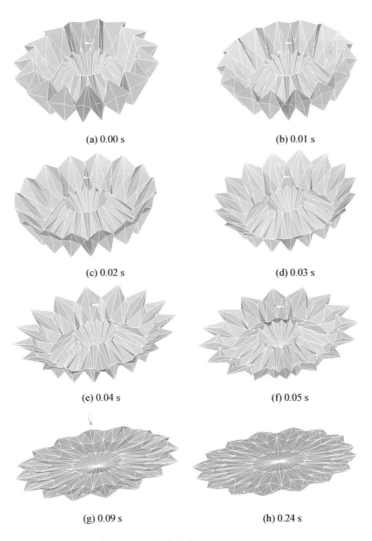

(a) 0.00 s   **(b)** 0.01 s

(c) 0.02 s   **(d)** 0.03 s

(e) 0.04 s   **(f)** 0.05 s

(g) 0.09 s   **(h)** 0.24 s

图 4.10 折叠反射面的展开过程

图 4.13 Z 形折叠充气直管

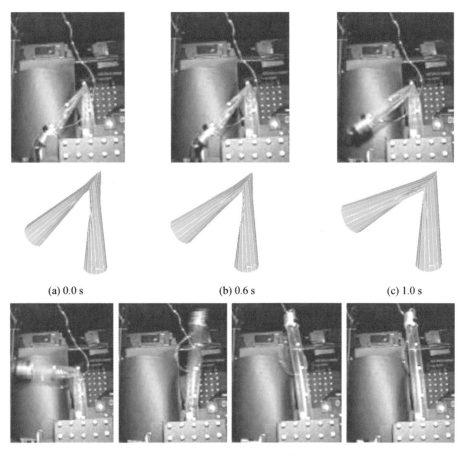

(a) 0.0 s   (b) 0.6 s   (c) 1.0 s

图 4.14 分析结果与试验结果的对比

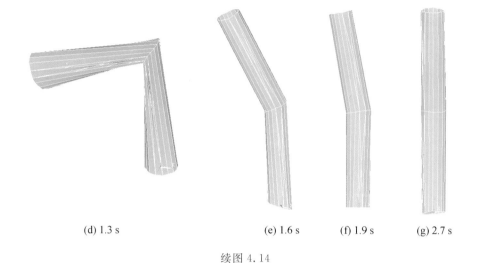

(d) 1.3 s　　　　　　　　(e) 1.6 s　　　(f) 1.9 s　　　(g) 2.7 s

续图 4.14

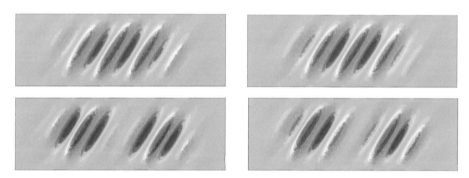

图 7.4　模态云图(张拉距离取 0.5 mm)

U, U_3

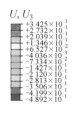

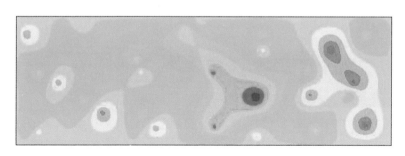

图 7.5　面外扰动图

图 7.11　模态云图

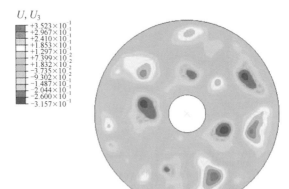

图 7.12　面外扰动图

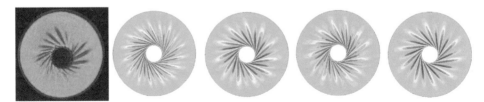

图 7.13　扭转角度为 $10°$,实验、非线性屈曲法、直接扰动法、显式动力法(屈曲)、显式动力法(扰动)褶皱对比图

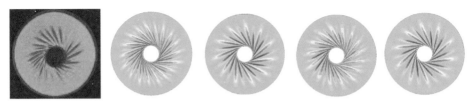

图 7.14　扭转角度为 $15°$,实验、非线性屈曲法、直接扰动法、显式动力法(屈曲)、显式动力法(扰动)褶皱对比图

图 7.15　扭转角度为 20°,实验、非线性屈曲法、直接扰动法、显式动力法(屈曲)、显式动
　　　　力法(扰动)褶皱对比图

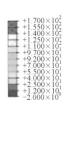

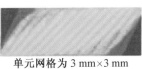

单元网格为 3 mm×3 mm

单元网格为 3.5 mm×3.5 mm

单元网格为 4 mm×4 mm

单元网格为 4.5 mm×4.5 mm

单元网格为 5 mm×5 mm

(a) 最大主应力

单元网格为 3 mm×3 mm

单元网格为 3.5 mm×3.5 mm

单元网格为 4 mm×4 mm

单元网格为 4.5 mm×4.5 mm

单元网格为 5 mm×5 mm

(b) 最小主应力

图 7.27　不同网格尺寸下薄膜褶皱最大主应力与最小主应力分布情况

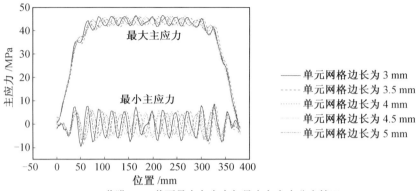

(c) 薄膜 1—1 截面最大主应力与最小主应力分布情况

续图 7.27

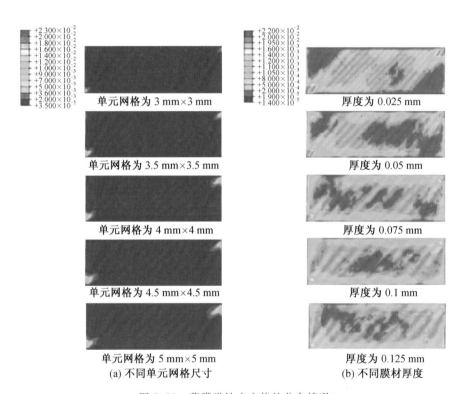

图 7.28 薄膜弹性应变能的分布情况

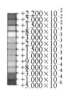

剪切位移为 1 mm

剪切位移为 1.5 mm

剪切位移为 2 mm

剪切位移为 2.5 mm

剪切位移为 3 mm

(c) 不同剪切位移

续图 7.28

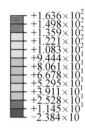

(a) 最大主应力

图 7.34　主应力与弹性应变能分布情况

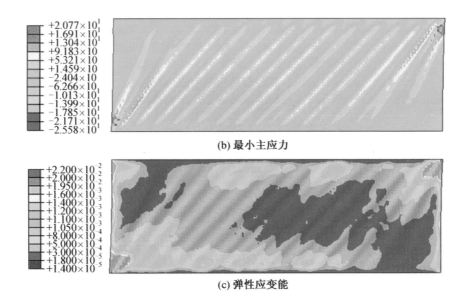

+2.077×10¹
+1.691×10¹
+1.304×10¹
+9.183×10
+5.321×10
+1.459×10
−2.404×10
−6.266×10
−1.013×10¹
−1.399×10¹
−1.785×10¹
−2.171×10¹
−2.558×10¹

(b) 最小主应力

+2.200×10⁻²
+2.000×10⁻²
+1.950×10⁻³
+1.600×10⁻³
+1.400×10⁻³
+1.200×10⁻³
+1.100×10⁻³
+1.050×10⁻³
+8.000×10⁻⁴
+5.000×10⁻⁴
+3.000×10⁻⁵
+1.800×10⁻⁵
+1.400×10⁻⁵

(c) 弹性应变能

续图 7.34